名校名师通识教育
新形态系列教材

人工智能
通识基础

慕课版

杨健 林毓聪◎主编

Artificial
Intelligence

人民邮电出版社
北京

图书在版编目（CIP）数据

人工智能通识基础 ：慕课版 / 杨健，林毓聪主编.
北京 ： 人民邮电出版社，2025. -- （名校名师通识教育
新形态系列教材）. -- ISBN 978-7-115-66434-1

Ⅰ. TP18

中国国家版本馆 CIP 数据核字第 2025DG4692 号

内 容 提 要

人工智能作为科技创新的前沿驱动力，不仅深刻地改变了生产方式，还重塑了人们的生活方式，同时也促进了跨学科融合，引领着人类社会迈向一个全新的智能时代。本书不仅涵盖人工智能的基本概念、核心算法和关键技术，还深入探讨了人工智能在各个领域的应用。本书共 6 章，分别是人工智能概述、人工智能的技术基础、人工智能的研究领域、人工智能工具的应用、人工智能的应用场景，以及人工智能课程实践与设计。

本书内容新颖，通俗易懂，既可作为高等院校相关专业人工智能通识课程的教材，也可作为对人工智能感兴趣的广大读者的参考书。

◆ 主　编　杨　健　林毓聪
  责任编辑　赵广宇
  责任印制　陈　犇

◆ 人民邮电出版社出版发行　北京市丰台区成寿寺路 11 号
  邮编 100164　电子邮件 315@ptpress.com.cn
  网址 https://www.ptpress.com.cn
  三河市中晟雅豪印务有限公司印刷

◆ 开本：787×1092　1/16
  印张：13　　　　　　　　　2025 年 2 月第 1 版
  字数：307 千字　　　　　　2025 年 6 月河北第 2 次印刷

定价：59.80 元

读者服务热线：(010)81055256　印装质量热线：(010)81055316
反盗版热线：(010)81055315

党的二十大报告指出："推动战略性新兴产业融合集群发展，构建新一代信息技术、人工智能、生物技术、新能源、新材料、高端装备、绿色环保等一批新的增长引擎"。《"十四五"数字经济发展规划》提出，高效布局人工智能基础设施，提升支撑"智能+"发展的行业赋能能力。作为未来科技的引领者，人工智能不仅代表着技术的前沿，更预示着人类智慧与机器智能融合的新纪元的到来。

当前，人工智能日益成为引领新一轮科技革命和产业变革的核心技术，在制造、金融、教育、医疗和交通等领域的应用不断落地，极大改变了既有的生产生活方式。因此，掌握人工智能的基本理论与实践技能，已经成为新时代复合型人才不可或缺的基本素养之一。

人工智能的发展不仅引发了技术的革新，更促进了思维方式的转变。基于当前业界对人工智能人才的需求不断增加及高校对人工智能人才培养的重视，编者精心策划并编写了本书，旨在帮助读者揭开人工智能的神秘面纱，找到快速了解并应用人工智能的方法。

本书主要具有以下特色。

● **通俗易懂，融会贯通**。本书通过简洁明了、通俗易懂的语言，将复杂的算法和概念转化为易于理解的内容，让读者在轻松、愉快的阅读中逐渐领悟人工智能的精髓。为了进一步增强可读性，编者还通过插图、图表等视觉化的形式直观地展示人工智能的复杂原理和应用场景，帮助读者更深入地理解和掌握相关知识。

● **全面系统，深入浅出**。本书涵盖人工智能技术基础、研究领域、工具应用、应用场景等多个方面，从基础的算法原理到前沿的技术领域，力求做到知识布局全面系统、内容讲解深入浅出。这样既有助于读者全面了解人工智能的全貌，又能引导读者逐步深入，掌握人工智能的核心与精髓。

● **实战导向，巩固技能。**本书以人工智能实战为导向，注重培养读者的实战技能。其中，第 4 章着重讲解人工智能工具在内容创作及办公领域的应用，第 6 章介绍了多个课程实践活动及课程设计。此外，本书每章最后都设置了"课后实践"模块，注重培养读者的创新思维和解决问题的能力，让读者在实践中不断成长和进步。

本书由北京理工大学的杨健、林毓聪担任主编，并特别邀请了多位在人工智能领域具有丰富经验和深厚造诣的专家学者参与编写和审稿，确保了内容的准确性和前沿性。尽管编者在编写本书的过程中力求精益求精，但书中难免存在疏漏与不足之处，敬请广大读者批评指正。

编　者
2025 年 3 月

为了方便用书教师展开教学，本书提供丰富的教学资源，包括 PPT 课件、教学大纲、电子教案、课程标准、素材文件、课后习题参考答案、实训指导，以及编者亲自参与录制的慕课视频等，教学资源名称及数量如表 1 所示，用书教师如有需要，可登录人邮教育社区（www.ryjiaoyu.com）免费下载。

表1　教学资源名称及数量

序号	教学资源名称	数量
1	PPT 课件	6份
2	教学大纲	1份
3	电子教案	6份
4	课程标准	1份
5	素材文件	多份
6	课后习题参考答案	6份
7	实训指导	1份
8	慕课视频	1份

本书作为教材使用时，理论教学建议安排 30 学时，实践教学建议安排 14 学时，具体学时分配如表 2 所示，用书教师可以根据实际情况进行针对性调整。

表2　学时分配表

章序号	章名称	理论学时	实践学时
第1章	人工智能概述	4	2
第2章	人工智能的技术基础	6	2
第3章	人工智能的研究领域	6	2
第4章	人工智能工具的应用	6	2
第5章	人工智能的应用场景	6	2
第6章	人工智能课程实践与设计	2	4
	总学时	30	14

　　为了帮助读者进一步理解人工智能相关知识以及掌握相关操作，编者针对性地录制了微课视频，书中相应的位置设置了二维码，读者扫描二维码即可观看微课视频，微课视频名称及页码如表3所示。

表3　微课视频名称及页码对照表

微课视频对应章节	微课视频名称	页码
4.1.1	撰写活动宣传文案	77
4.1.2	撰写公众号文章	79
4.1.3	撰写小红书笔记	80
4.1.4	撰写商品详情页文案	82
4.1.5	图文排版	84
4.1.6	使用AI工具鉴别错别字	87
4.2.2	制作营销海报	90
4.2.3	制作商品展示图	91
4.2.4	制作信息长图	93
4.2.5	制作公众号封面图	97
4.3.3	撰写短视频脚本	101
4.3.4	准备短视频素材	104
4.3.5	剪辑短视频素材	106
4.4.2	文本语音合成	110
4.4.3	语音克隆	112
4.4.4	创作音乐	114
4.5.3	撰写直播话术	119
4.6.1	使用文心一言撰写个人简历	121
4.6.1	使用神笔简历写简历	122
4.6.2	辅助面试	124
4.6.3	制作PPT	125
4.6.4	撰写工作邮件	128
4.6.6	制作Excel工资表	130

目 录

01

02

03

第3章　人工智能的研究领域　\\　50

04

第4章　人工智能工具的应用　\\　76

05

第5章　人工智能的应用场景　\\　139

06

第6章   人工智能课程实践与设计 \\ 180

第 1 章 人工智能概述

学习目标

➢ 了解人工智能的特点、类型和发展历程。
➢ 了解人工智能的产业链结构。
➢ 了解人工智能对就业的影响，以及催生的新职业。
➢ 了解人工智能从业者的素养要求。
➢ 了解人工智能带来的伦理挑战与安全风险。

本章概述

　　作为一种能够模拟、延伸乃至超越人类智能的技术体系，人工智能不仅蕴含着巨大的科技创新价值，更承载着深刻的社会变革意义。本章主要介绍人工智能的特点、类型和发展历程，人工智能产业链的构成，人工智能对就业的影响，人工智能催生的新职业，人工智能从业者的素养要求，以及人工智能面临的伦理挑战和安全风险，以期让读者对人工智能有一个全面的认识和了解。

本章关键词

　　人工智能　人工智能产业链　就业　伦理挑战　安全风险

知识导图

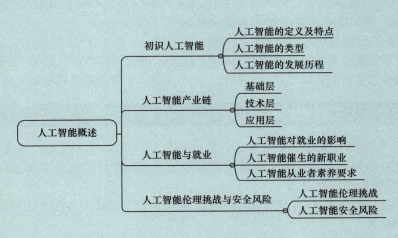

1.1　初识人工智能

人工智能（Artificial Intelligence，AI）是人类智慧的延伸与拓展，它正以前所未有的深度和广度，影响着人们的生活方式和思维方式，成为驱动新一轮科技革命和产业变革的重要力量。

1.1.1　人工智能的定义及特点

人工智能是计算机科学技术的一个分支，旨在研究用于模拟和延伸人的智能的理论、方法及技术。它利用计算机系统和算法，使机器能够执行那些通常需要人类智慧才能完成的任务，包括学习、推理、感知、理解和创造等活动。

人工智能具有以下特点。

1. 跨学科性

人工智能涉及多个学科领域，如计算机科学、数学、统计学、心理学等。这种跨学科性使得人工智能的算法和模型更高效、更智能。

2. 具备模仿人类智能的能力

人工智能旨在让机器学习和模仿人类的思维和行为模式，使机器能够像人一样思考和解决问题。例如，人工智能可以让机器进行简单的逻辑推理，甚至是实现更复杂的感知、理解、学习、推理、决策等智能行为。

3. 具有较强的自主性

人工智能可以在一定程度上自主地进行学习、决策和行动。它们可以根据环境的变化和输入的数据自动调整自身的参数和策略，而不需要人类实时的干预。

4. 集成性

人工智能还具有集成性，能够将不同技术、算法和模型集成在一起，形成强大的智能系统。例如，在智能制造领域，人工智能可以与机械工程、自动化技术相结合，打造智能工厂，实现自动化生产和质量控制。

又如，在交通领域，人工智能能够与交通运输工程融合，实现智能交通管理。通过分析交通流量数据，智能交通系统可以自动调整信号灯时长，优化道路资源分配，缓解交通拥堵，提高交通运输的效率和安全性。

5. 可扩展性强

人工智能可以方便地扩展其功能和应用范围。以云计算平台上的人工智能服务模型为例，企业可以根据自己的需求增加计算资源，从而提高人工智能服务模型的处理能力。

1.1.2　人工智能的类型

人们可以从不同的角度对人工智能进行分类，这不仅反映了人工智能本身的复杂性和多样性，也预示着未来人工智能将更深入地融入人类社会的方方面面。

1. 按照智能程度分类

按照智能程度的不同，人工智能可以被分为弱人工智能、强人工智能和超人工智能，如图1-1所示。

图1-1　人工智能按照智能程度分类

（1）弱人工智能

弱人工智能是指专注于执行特定任务的人工智能系统，这类人工智能系统无法像人类一样进行广泛的学习和适应新环境。弱人工智能具有以下特点。

① 单一任务导向：在其特定的任务领域可以表现出很高的性能，但在其他领域则无法进行智能操作。

② 无自我意识：不具备真正的理解和认知能力，只依靠预设的算法和模型进行运算。

③ 实时学习和改进：虽然不具有全局学习能力，但它可以通过大量的数据输入和反馈机制不断优化其在特定任务领域的性能。

例如，智能音箱（见图1-2）能够理解和回应用户的语音命令，并执行相应的操作，如播放音乐、设定闹钟、打开窗帘、设置冰箱温度等，但它们不能像人类一样进行创造性的写作或复杂的逻辑推理。

图1-2　智能音箱

（2）强人工智能

强人工智能是指能够像人类一样理解、学习、推理、解决各种复杂问题，并能够在不同的任务和环境中灵活运用知识、完成任务的人工智能系统。这类人工智能系统具有以下特点。

① 多功能性：能够处理各种类型的任务，而不局限于某一特定领域。

② 学习和适应：具备广泛的认知能力，能够在不同情境下推理、解决问题和学习新技能，并将学到的技能应用于新的任务中。

③ 自我改进：具有自我修正和升级的能力，能够不断提高自身的性能和效率。

④ 情感理解：理论上，强人工智能能够理解和模拟人类的情感，可以在社会互动中展现出更高的智能水平。

目前，强人工智能仍处于探索阶段。虽然有些高级人工智能系统已经在特定任务上接近或超过人类的水平，但还没有真正意义上的强人工智能能够广泛适用于各种任务。

（3）超人工智能

超人工智能是指远超人类智慧的人工智能系统。这类人工智能系统拥有自我意识和情感等高级认知能力，不仅能解决人类能够解决的所有问题，还能解决人类无法解决的复杂问题。超人工智能具有以下特点。

① 超越人类的智能：能够进行高度复杂的推理和决策。

② 自我驱动：具有自己的需求、欲望和情感，能够自主设定目标并为之努力。

③ 全方位能力：不仅能完成智力任务，还可以在艺术创作、情感表达和人际关系处理等方面超越人类。

超人工智能目前更多地还处于科学幻想阶段，许多科学家和研究人员对其可行性持保留态度。

2. 按照技术逻辑分类

按照技术逻辑的不同，人工智能可以被分为决策式人工智能和生成式人工智能，两者对比如图1-3所示。

图1-3　人工智能按照技术逻辑分类

（1）决策式人工智能

决策式人工智能的逻辑是对样本进行识别和分析，即人工智能系统对已知数据进行分析，然后从已知数据中提取特征并将其与数据库中数据的特征进行匹配，最后对未知数据进行预测和归类。常见的决策式人工智能有智能推荐系统、金融风险控制系统等。

（2）生成式人工智能

生成式人工智能的核心是创造，人工智能系统对已知数据进行总结、归纳，学习其中的规律，进而自动生成新的内容。与决策式人工智能相比，生成式人工智能具备更强大的理解与生成内容的能力，它不仅能完成决策式人工智能分析、判断、决策的任务，还能创造新的内容。

当前，生成式人工智能可以实现文本、图像、视频、音频、数字人等内容的生成，在广告营销、直播等领域得到了广泛应用。例如，2023年4月，飞猪旅行以"这个五一玩什么"为主题，运用生成式人工智能技术生成了平面广告海报，如图1-4所示。

图1-4　飞猪旅行发布的生成式人工智能生成的广告海报

1.1.3　人工智能的发展历程

人工智能正以惊人的速度重塑着世界，但是其发展是一个漫长且充满起伏的过程，如表1-1所示。

表1-1　人工智能的发展历程

发展阶段	发展特点	主要事件
初步发展阶段（1950—1973年）	人工智能成为一个研究领域，并取得了一些研究成果	① 1950年，英国数学家艾伦·图灵提出"图灵测试"，奠定了人工智能研究的理论基础，激发了人们对研究智能机器的热情。 ② 1955年，"逻辑理论家"程序问世，其被认为是人类历史上第一个人工智能程序。 ③ 1956年，在美国达特茅斯学院举行的学术研讨会上，人工智能的概念被首次提出。 ④ 1958年，约翰·麦卡锡提出LISP编程语言，这种语言专为人工智能研究设计，至今仍被广泛使用。 ⑤ 1966年，美国科学家发布了世界上第一款聊天机器人ELIZA，标志着人工智能在自然语言处理方面取得了初步进展。
第一次寒冬阶段（1974—1980年）	因技术瓶颈、社会舆论压力以及人工智能研究项目的失败，人工智能进入低谷期，政府和企业对人工智能的投资减少	1973年，英国科学研究理事会发布报告，批判人工智能项目进展缓慢。人工智能研究资金被削减。
第二次发展期（1981—1987年）	专家系统兴起，出现一些人工智能公司，人工智能技术开始产生一些商业价值	专家系统被应用于医疗诊断、地质勘探等领域。
第二次寒冬阶段（1988—1993年）	人工智能大规模商业应用的期望仍未实现，人工智能再次进入低谷	人工智能大规模应用受阻，资金被削减。
深化发展阶段（1994—2015年）	人工智能技术被应用于多个领域，出现许多创新的理论、方法、技术和应用	① 1997年5月，IBM深蓝超级计算机在国际象棋比赛中战胜国际象棋世界冠军加里·卡斯帕罗夫。 ② 2011年，IBM的智能系统沃森在智力问答节目中战胜两位人类选手并获得冠军。
蓬勃发展阶段（2016年至今）	大数据技术的发展、计算能力的提升和机器学习技术的进步，推动了人工智能的蓬勃发展	① 2016年，AlphaGo击败围棋选手李世石，展示深度学习潜力。 ② 2019年，百度发布文心大模型1.0；2023年10月，百度发布文心大模型4.0；2024年6月，百度发布文心大模型4.0 Turbo。 ③ 2022年，OpenAI发布聊天机器人ChatGPT，其凭借强大的文字处理能力和人机交互功能迅速获得了众多关注。 ④ 2023年，阿里云发布通义千问大模型；2024年5月，阿里云发布通义千问2.5版本。

人工智能的发展是一个不断探索、突破和应用的过程，当前，人工智能在医疗、交通、金融等多个领域得到了广泛应用。随着人工智能的不断进步和应用领域的不断拓展，人工智能将继续发挥其巨大的潜力，成为引领科技进步和社会变革的重要力量。

1.2　人工智能产业链

人工智能产业链是一个涵盖了从基础层、技术层到应用层多个层面的生态系统。在这个生态系统中，每一个层面都扮演着不可或缺的角色，共同推动人工智能不断创新和发展。

1.2.1　基础层

基础层是人工智能产业链的最底层，为人工智能提供算力、数据和算法支持。人工智能基础层产业图谱如图1-5所示。

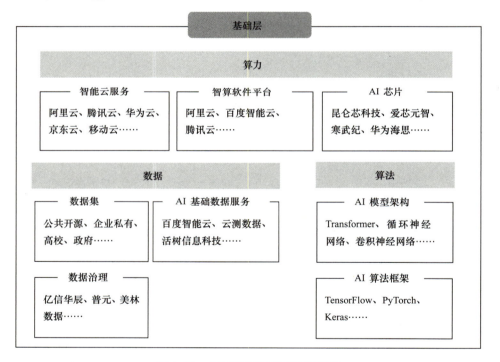

图1-5　人工智能基础层产业图谱

1. 算力

算力是支撑人工智能算法运行和数据处理的关键要素，智能云服务、智算软件平台和AI芯片都能为人工智能提供算力支持。

（1）智能云服务

智能云服务是一种基于互联网的计算资源和服务模式，它通过云计算技术将服务器、存储、数据库、网络、软件等资源进行整合，并以按需获取的方式为用户提供软件即服务（Software as a Service，SaaS）、平台即服务（Platform as a Service，PaaS）、基础设施即服务（Infrastructure as a Service，IaaS）等不同层次的服务。

例如，阿里巴巴、华为、腾讯、百度等都是常见的智能云服务提供商，它们各自构建了庞大的数据中心和云计算平台（如阿里云、腾讯云、华为云、京东云），用户可以根据自身业务需求，灵活地选择和使用相应的云服务资源，而无须自行投资建设和维护大量的物理硬件设备。

（2）智算软件平台

智算软件平台是一个集成了高性能计算资源、存储、数据管理和算法开发等服务的软件平台，通常包括数据管理、算法开发、模型训练、推理服务等不同功能的核心组件，这些组件共同协作，为用户提供从数据预处理到模型部署的全链条服务，并通过提供强大的计算能力和全面的服务，帮助用户高效地开发、部署和优化人工智能应用。

（3）AI芯片

芯片是指内含集成电路的硅片，体积很小，常常是计算机或其他电子设备的一部分。AI芯片是专门用于处理人工智能应用中大量计算任务的模块（其他非计算任务仍由中央处理器负责）。按照技术架构划分，AI芯片主要分为图形处理单元（Graphics Processing Unit，GPU）、现场可编程门阵列（Field Programmable Gate Array，FPGA）和专用集成电路（Application Specific Integrated Circuit，ASIC）。

当前，我国AI芯片行业正处于初步发展期，该行业整体销售市场正处于快速增长阶段。在很多应用场景中，传统芯片被AI芯片取代，随着市场对云计算、智能设备、物联网等产品需求的不断增长，市场对AI芯片的需求也将保持增长的态势。

2. 数据

数据是描述事物特征和状态的符号记录，在人工智能产业链的基础层中，数据主要为AI模型的训练提供支撑，本节将从数据集、AI基础数据服务、数据治理等层面展开讲解。

数据集是指一组数据的集合，这些数据可以是结构化的（如数据库中的表格数据）、半结构化的（如日志文件等）或非结构化的（如文本、图像、音频等）。它们按照一定的规则组织起来，用于支持数据分析、机器学习、数据挖掘等任务。

AI基础数据服务是指为各业务场景中的AI算法训练与调优而提供的数据库设计、数据采集、数据清洗、数据标注与数据质检等服务。AI基础数据服务是推动AI产业发展的关键支撑，能够推动AI算法的创新与持续优化。AI基础数据服务商提供的产品主要有标准数据集、定制数据集、配套产品工具等。

数据治理是组织中涉及数据使用的一整套管理行为，其最终目标是提升数据的价值。开发者可以通过Zilliz Cloud、Milvus、Pinecone等向量数据库获得数据集，也可以通过公共开源渠道、企业、高校、政府等渠道获得数据集。

对于收集到的数据，开发者可以自行对其进行标注、分析等操作，也可以通过能够提供AI基础数据服务的企业（如百度智能云、云测数据、活树信息科技等），以及能够提供数据治理服务的企业（如亿信华辰、普元、美林数据等）对数据进行相应的处理。

3. 算法

AI模型架构是构建和训练人工智能模型的基础框架，它决定了模型如何处理输入数据、执行计算以及生成输出。常见的AI模型架构有Transformer、循环神经网络（Recurrent Neural Network，RNN）、卷积神经网络（Convolutional Neural Network，CNN）等。

AI算法框架是一种软件工具，它通常包含一系列预定义的函数、模块和算法，用于帮助开发者更高效地构建、训练和部署人工智能模型。这些框架封装了许多底层的复杂操作，如数据处理、模型构建、梯度计算、优化算法等，使开发者可以专注于算法的设计和研究。

1.2.2　技术层

技术层是人工智能产业链的核心，这个环节的发展水平直接决定了人工智能技术的成熟度和应用广度。人工智能技术层产业图谱如图1-6所示。

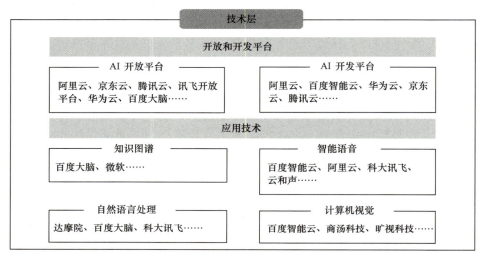

图1-6　人工智能技术层产业图谱

1. 开放和开发平台

AI开放平台是一些企业推出的人工智能接口，开发者无须了解人工智能的算法、网络及训练过程，只需按照特定的方式接入，就可以使用平台提供的产品。通过使用AI开放平台，开发者可以快速完成人工智能方向的应用开发。AI开放平台通常可以被应用于多个人工智能领域，如语音识别和合成、图像识别、人脸识别、文字识别、智能问答等。

AI开发平台是为人工智能开发者提供一系列工具、资源和服务的综合平台，这些平台集成了AI算法、算力，以及从数据处理、模型构建、模型训练、模型评估到模型部署等一整套人工智能应用开发流程所需的功能，帮助开发者高效、便捷地开发人工智能应用。

2. 应用技术

人工智能应用技术是指利用人工智能技术，通过特定的算法、模型和工具解决各种实际问题的技术。

（1）知识图谱

知识图谱是一种用于组织、存储和表示知识的结构化数据模型，它通过实体和实体之间的关系构建一张网络，来展示现实世界中各种概念及其相互关系。简单来说，知识图谱是把知识用一种类似地图的方式组织起来，其中节点代表实体，边代表实体之间的关系。在图1-7所示的知识图谱中，"李白""诗人""唐朝""《静夜思》""五言绝句""表达思乡之情"为实体，"生活时代""职业""创作""体裁""主题"为关系。

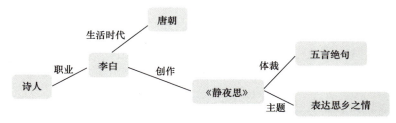

图1-7 以"李白"为核心的知识图谱

（2）智能语音

智能语音是让计算机能够理解和生成人类语音的一系列技术，包括语音识别、语音合成等。例如，科大讯飞推出的讯飞语记，可以让用户通过语音来输入文字信息，完成发送短信、撰写文档等任务。

（3）自然语言处理

自然语言处理（Natural Language Processing，NLP）是计算机科学领域与人工智能领域中的一个重要方向。它研究的是如何实现人与计算机之间用自然语言进行有效通信的各种理论和方法，旨在让计算机能够理解、生成和处理人类语言。

（4）计算机视觉

计算机视觉是利用计算机代替人眼对目标进行识别、跟踪和测量等，并进一步进行图像处理，以便计算机能更好地理解并处理图像信息，使之成为更适合人眼观察或更适合传送给仪器并进行检测的图像。计算机视觉涵盖了多个关键技术领域，包括但不限于图像处理、图像识别、图像语义理解、图像检索、视频处理、视频语义理解等。

1.2.3 应用层

应用层是人工智能产业的延伸，是集成了一类或多类人工智能基础应用技术，面向特定应用场景需求而形成的软硬件产品或解决方案。应用层包括行业应用和终端产品应用，其产业图谱如图1-8所示。

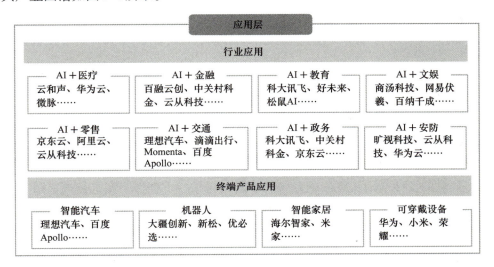

图1-8 人工智能应用层产业图谱

1. 行业应用

人工智能为医疗、金融、教育、文娱、零售、交通、政务、安防等多个行业提供解决方案，形成"AI+传统行业"的应用场景，人工智能在不同行业的常见应用场景如表1-2所示。

表1-2　人工智能在不同行业的常见应用场景

行业	常见应用场景	技术提供代表性品牌
医疗	影像诊断、药物研发、健康管理、疾病预测	云和声、华为云、微脉
金融	智慧银行、智能投研、智能信贷、智能客服	百融云创、中关村科金、云从科技
教育	智慧校园、自主学习、自动评阅	科大讯飞、好未来、松鼠AI
文娱	AI换声、AI换脸、视频剪辑、场景建模	商汤科技、网易伏羲、百纳千成
零售	会员管理、智能客服、营销策略生成、产品创新	京东云、阿里云、云从科技
交通	智慧交通、自动驾驶	理想汽车、滴滴出行、Momenta、百度Apollo
政务	智能填报、智能审批、智能终端	科大讯飞、中关村科金、京东云
安防	智能监控、智能报警、智能警务	旷视科技、云从科技、华为云

2. 终端产品应用

人工智能领域热门终端产品主要有智能汽车、机器人、智能家居、可穿戴设备，具体如表1-3所示。

表1-3　人工智能领域热门终端产品

产品类型	热门产品	代表性品牌
智能汽车	自动驾驶系统、人机交互平台	理想汽车、百度Apollo
机器人	工业机器人、特种机器人	大疆创新、新松、优必选
智能家居	智能窗帘、智能音箱、智能冰箱、智能灯光控制系统	海尔智家、米家
可穿戴设备	智能手表、智能手环、智能头盔	华为、小米、荣耀

1.3　人工智能与就业

人工智能深刻地影响着人们的日常生活，更对人们的就业产生了多维度的影响。从自动化生产模式取代传统人力生产模式引发的就业结构变化，到新兴职业的兴起为劳动力市场注入新活力，人工智能与就业之间的关系已成为社会各界广泛关注的焦点。

1.3.1　人工智能对就业的影响

人工智能的发展与应用既给就业带来了新的挑战，也创造了新的机遇。随着人工智能的发展，一些工作重复性高、规律性强的岗位，如数据输入员、文件处理员、客服代表等，很容易被自动化和智能化的系统所取代。

人工智能的广泛应用推动了人机协作工作模式的发展，人类与人工智能协作的模式如图1-9所示。人机协作模式使得人类需要与人工智能系统配合完成更具复杂性和创新性的任务。在未来的工作场景中，人机协作将越来越普遍。就业者需要学会与人工智能系统协同工作，借助人工智能的优势提高工作效率和质量，同时发挥人类的独特价值，如情感理解、人际交往等。

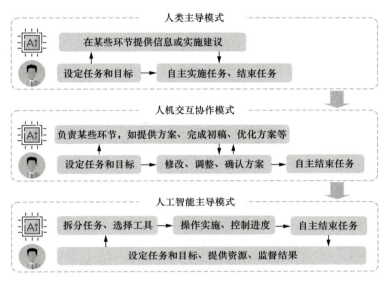

图1-9 人类与人工智能协作的模式

此外，人工智能的广泛应用对就业者的技能要求发生了显著变化，传统行业的就业者需要不断学习和掌握新技能，以适应新的工作环境和市场需求。这在一定程度上促进了职业转型和升级，使就业者能够向更高技能、更高薪资的岗位发展。

1.3.2 人工智能催生的新职业

人工智能的快速发展催生了一系列新职业，如人工智能训练师、生成式人工智能系统应用员、提示词工程师、人工智能产品经理、AI设计师、算法研究员等。其中，人工智能训练师和生成式人工智能系统应用员已经被纳入国家职业分类目录。这些新职业为求职者提供了更多元化的选择和发展机会。随着人工智能的不断发展和应用领域的不断拓展，未来还将涌现出更多新的职业。

1. 人工智能训练师

人工智能训练师是使用智能训练软件，在人工智能产品实际使用过程中进行数据库管理、算法参数设置、人机交互设计、性能测试跟踪及其他辅助作业的人员。2020年2月，人工智能训练师作为新职业被纳入国家职业分类目录，2024年7月，人力资源和社会保障部发布新增工种信息，在"人工智能训练师"职业下增设"人工智能数字人训练师"工种。

根据《人工智能训练师国家职业技能标准（2021年版）》的相关规定，人工智能训练师共有5个等级，分别为五级/初级工、四级/中级工、三级/高级工、二级/技师、一级/高级技师。五级/初级工、四级/中级工的工作内容包括数据采集和处理、数据标注、智能系统运维；三级/高级工、二级/技师、一级/高级技师的工作内容包括业务分析、智能训练、智能系统设计、人员培训与指导。

2. 生成式人工智能系统应用员

2024年7月，人力资源和社会保障部发布了新增"生成式人工智能系统应用员"职业的信息。生成式人工智能系统应用员是运用生成式人工智能技术及工具，从事生成式人工智能系统设计、调用、训练、优化、维护、管理等工作的人员。

生成式人工智能系统应用员的主要工作任务如下。

① 设计生成式人工智能系统整体架构，制定生成策略。

② 调用不同生成式人工智能模型或应用程序接口（Application Program Interface，API），生成文本、图像、音频、视频等内容。

③ 依法依规收集、处理和标注训练数据，对数据进行质量评估、抽样检验，训练不同应用场景中的生成式人工智能模型。

④ 分析系统性能瓶颈，调整模型参数，改进算法或引入新技术，优化生成式人工智能系统的性能和效率。

⑤ 在实际应用场景中部署训练和优化后的生成式人工智能系统。

⑥ 检查和更新生成式人工智能系统。

⑦ 管理相关文档和资源，按照服务规范提供技术咨询、技术支持。

3. 提示词工程师

提示词工程师主要负责设计和优化输入给人工智能系统的提示词，以引导人工智能系统生成更符合预期的高质量结果。他们需要制定合理的指令设计方案，设计和实现高效、可靠的指令，提高人工智能系统的性能和效率，分析和优化指令的执行过程，确保指令能够被正确地执行，以及解决指令开发和优化过程中出现的问题和故障。

提示词工程师需要具备跨学科的知识，包括但不限于计算机科学、语言学、心理学等学科的知识。他们要能够理解人工智能模型的工作原理，知道如何与人工智能模型沟通，同时也要能够洞察用户的需求，设计出既准确又富有吸引力的提示词。

4. 人工智能产品经理

人工智能产品经理是负责规划、设计、开发和管理人工智能产品的专业人员。他们需要将人工智能技术与用户需求相结合，确保人工智能产品能够有效地解决实际问题，同时实现商业价值。人工智能产品经理的主要职责包括分析用户需求、规划人工智能产品、设计和开发人工智能产品、发布人工智能产品、运营和维护人工智能产品等。

5. AI设计师

AI设计师是指利用人工智能技术进行设计、创作的人员。他们需要利用人工智能工具和算法，通过自动化和智能化的方式完成设计工作，从而提高设计效率。AI设计师的工作领域比较广泛，包括但不限于平面设计、产品设计等领域。AI设计师的主要工作内容包括利用人工智能工具进行创意生成和设计优化；对人工智能生成的创意进行微调和完善，以满足特定的设计需求；探索人工智能在艺术创作中的新可能性，如通过人工智能进行风格迁移、图像生成等。

6. 算法研究员

算法研究员是专注于研究和开发新算法的专业人员，其主要工作内容包括设计和开发算法、分析与评估算法、移植与部署算法、探索跨领域算法、研究前瞻性人工智能技术或先进算法模型等。

1.3.3　人工智能从业者素养要求

人工智能从业者的素养是一个综合性的能力体系，主要包括专业技能素养、思维素养、道德与法律素养、人文素养4个方面的内容。

1. 专业技能素养

人工智能从业者需要具备深厚的数学、计算机科学等方面的知识，包括概率统计、线性代数、算法设计与分析等，还要掌握机器学习、深度学习、自然语言处理等人工智能领域的专业知识，以及Python、C++等编程语言。

此外，人工智能技术发展迅速，人工智能从业者需要保持持续学习的态度，不断学习新技术和新方法。人工智能从业者需要具备快速学习和适应新技术的能力，能够迅速调整思路和方法，解决新的技术难题。

2. 思维素养

人工智能从业者需要具备一定的思维素养，具体如下。

① 创新思维：能够不断探索和开发新的人工智能技术和应用，善于从多个角度思考问题，提出创新的解决方案。

② 逻辑思维：能够清晰地分析、推理和解决问题；能够运用逻辑工具和方法，如形式化语言、逻辑推理规则等来构建和验证算法模型。

③ 批判性思维：批判性思维有助于人工智能从业者评估不同算法、模型和技术方案的优劣，从而做出明智的决策。人工智能从业者要能够独立思考，对信息进行全方位分析和评估，避免盲目跟从或接受未经证实的观点。

④ 系统思维：人工智能系统通常涉及多个组件和模块，这就需要人工智能从业者具备系统思维，能够全面考虑系统的整体性能和稳定性。人工智能从业者要能够理解各组件之间的相互作用和依赖关系，以确保系统的协同工作。

⑤ 迭代思维：人工智能的发展日新月异，人工智能从业者需要具备迭代思维，不断对算法、模型和技术进行更新和优化。同时，还要保持对新技术和新方法的敏感性和好奇心，不断学习和尝试新的解决方案。

3. 道德与法律素养

人工智能从业者应遵守职业道德规范，保持诚信、公正和负责任的态度。在工作中，要尊重他人的知识产权和劳动成果，不从事任何违法、不道德或损害他人利益的行为。

人工智能从业者要熟悉并遵守与人工智能相关的法律法规，如数据安全、隐私保护、知识产权等方面的法律要求。在开发和应用人工智能系统时，要确保合法合规，规避法律风险。

4. 人文素养

人工智能从业者要关注社会、文化、艺术等领域的发展，具备较宽的知识面，能够将人工智能技术与社会、文化、艺术等领域相结合，推动人工智能技术的创新和应用。

人工智能从业者需要了解社会变迁的脉络，能够洞悉社会问题的本质，预见技术对社会结构、经济模式、就业形态等方面可能产生的影响。这种对社会现象的深刻洞察，有助于人工智能从业者在技术决策中融入更多的社会责任感，确保技术的正面效应最大化，同时规避潜在的负面风险。

人工智能从业者要对不同文化保持理解和尊重的态度。在全球化日益加深的今天，人工智能正以前所未有的速度跨越国界，影响着世界各地的人们。因此，人工智能从业者需要深入了解不同文化群体的价值观、习俗和信仰，以确保技术设计和服务能够满足不同文化群体的需求。

此外，人工智能从业者需要具备一定的审美能力和创造力。虽然人工智能在很大程度上依赖于算法和数据，但艺术的灵感和创造力是无法被完全量化的。通过欣赏和理解艺术作品，人工智能从业者可以从中汲取灵感，将人文元素融入技术产品中，使技术产品不仅具备实用性，还能展现出独特的美感和情感价值。

1.4　人工智能伦理挑战与安全风险

人工智能的发展为人类社会带来了重大变革，但其对社会的影响是一柄双刃剑，它既改造了人类社会，又给人类社会带来了冲击，人工智能带来的伦理挑战和安全风险是人类必须面对的问题。

1.4.1　人工智能伦理挑战

很多人认为人工智能的发展为社会带来了不可忽视的风险，人工智能发展与应用过程中的伦理挑战成为突出话题。

1. 人工智能伦理的焦点问题

人工智能带来的伦理问题主要表现在以下几个方面。

（1）数据偏见

人工智能系统是基于数据进行训练的。如果训练数据存在偏差，例如，数据集中某一性别、种族或社会群体的数据过多或过少，那么模型就可能产生带有偏见的结果。又如，在招聘算法中，如果训练数据主要来自于某一性别占主导的行业的历史数据，那么该算法可能会对另一性别的应聘者产生不公平的评价。这种数据偏见可能导致人工智能系统在信贷审批、社会保障、福利分配等诸多领域产生不公平决策。

（2）机器道德

当人工智能系统开始自主决策，甚至在某些情况下影响人类生活时，如何为这些非生物实体制定一个能够约束它们的道德准则成为一个难题。

传统的道德准则主要基于人类的行为和选择而形成，但人工智能系统的"决策"是基于算法和数据的，这使得难以将传统的道德框架直接套用在人工智能系统上。

（3）数据隐私与安全

人工智能系统需要大量的数据来进行训练和优化，这就引发了人们对个人数据收集的担忧。许多人工智能应用，如智能家居设备、移动应用等，会收集用户的各种信息，包括位置、行为习惯、健康数据等，这些数据的收集可能在用户不完全知情的情况下进行。

此外，数据使用也存在一些问题。例如，数据可能未经用户同意就被用于其他商业目的或被不当共享。一家公司收集用户的购物数据用于优化推荐算法，但如果这些数据在没有获得用户明确授权的情况下被出售给第三方广告商，这种行为就侵犯了用户的隐私。

（4）合规安全使用问题

人工智能可能被恶意使用。例如，生成式人工智能可能会被某些人用来制造虚假信息，恶意攻击者可能利用人工智能算法来自动生成用于诈骗的网络钓鱼邮件。

此外，人工智能系统本身可能出现故障。由于其复杂性，人工智能系统可能会出现算法错误、过拟合（模型在训练数据上表现很好，但在新数据上表现不佳）等问题。在航空航天等关键领域，人工智能系统的故障可能会导致灾难性的后果。例如，如果一个飞行控制系统的人工智能算法因为错误的传感器数据或自身的算法缺陷而做出错误的飞行姿态调整指令，可能会危及飞行安全。

2. 人工智能基本伦理规范

随着人工智能的飞速发展，如何确保其发展和应用符合伦理原则成为重要议题。人工智能应遵循5个基本伦理规范，如图1-10所示。

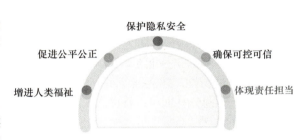

图1-10　人工智能基本伦理规范

（1）增进人类福祉。坚持以人为本，遵循人类共同价值观，尊重人权和人类根本利益诉求。坚持公共利益优先，促进人机和谐友好，改善民生，增强人们的获得感与幸福感，推动经济、社会及生态可持续发展。

（2）促进公平公正。坚持普惠性和包容性，切实保护各相关主体的合法权益，推动全社会公平共享人工智能带来的益处。在提供人工智能产品和服务时，应充分尊重和帮助弱势群体、特殊群体，并根据需要提供相应替代方案。

（3）保护隐私安全。充分尊重个人信息知情、同意等权利，依照合法、正当、必要和诚信原则处理个人信息，保障个人隐私与数据安全，不得损害个人合法数据权益，不得以窃取、篡改、泄露等方式非法收集利用个人信息，不得侵犯个人隐私权。

（4）确保可控可信。保障人类拥有充分的自主决策权，人类有权选择是否接受人工智能提供的服务，有权随时退出与人工智能的交互，有权随时中止人工智能系统的运行。要确保人工智能始终处于人类控制之下。

（5）体现责任担当。坚持人类是最终责任主体，明确利益相关者的责任，全面增强责任意识，在人工智能全生命周期各环节自省自律，明确划分责任，并积极承担相应的责任。

1.4.2　人工智能安全风险

人工智能在给人们带来诸多便利的同时，也带来了一系列安全风险。人工智能的开发者、服务者和使用者应该充分认识这些安全风险，并采取合理的措施有效防范化解这些风险。

1. 人工智能安全属性

随着人工智能应用范围的不断拓展，人工智能安全问题的重要性也逐渐凸显。《人工智能安全标准化白皮书（2023版）》指出，在人工智能应用中，人们除了要关注人工智能的网络安全基本属性，即人工智能系统及其相关数据的机密性、完整性、可用性以及系统对恶意攻击的抵御能力之外，还应关注人工智能以下5个安全属性，如图1-11所示。

图1-11　人工智能安全属性

（1）可靠性

可靠性是指人工智能系统在遭遇数据变化、噪声、干扰等不利因素或意外变化时仍能按照既定的目标运行并保持结果有效的特性。通常来说，人们可以从人工智能系统的容错性、恢复性、健壮性等方面来分析系统的可靠性。

（2）可解释性

可解释性是指人工智能的算法、模型运行逻辑可以被人理解的特性。人工智能具有可解释性，其运行过程中使用的数据、算法、参数、逻辑等对输出结果所产生的影响能够被人们所理解，这样才能让人工智能更易于被人类使用和管理。

（3）透明性

透明性是指人工智能在设计、训练、测试、部署等环节中保持可见、可控的特性。只有人工智能具有透明性，才能确保用户在有需要的情况下能获得人工智能模型结构、参数、输入、输出等相关信息，从而可以确保人工智能开发过程的可审计、可追溯。

（4）隐私性

隐私性是指人工智能的开发和运行具有保护隐私的特性，包括保护个人信息和隐私、保护商业机密等。具有隐私性的人工智能可以更好地保障个人和组织的隐私权益，增强信息的安全性。开发者可以采用最小化数据处理范围、个人信息匿名化处理、数据加密和访问控制等方式来提升人工智能的隐私性。

（5）公平性

公平性是指人工智能在进行决策时，保证输出内容公正、中立，不存在任何偏见和歧视因素的特性，即人工智能运作时要能平等对待不同性别、不同种族、不同文化背景的人群，不偏向某个特定的个体或群体，也不歧视某个特定的个体或群体。

2. 人工智能安全风险与应对

人工智能系统在其开发和应用过程中既面临着自身技术缺陷、不足带来的风险，也面临着人们不当使用、滥用甚至恶意利用带来的安全风险。具体来说，人工智能常见的安全风险如图1-12所示。

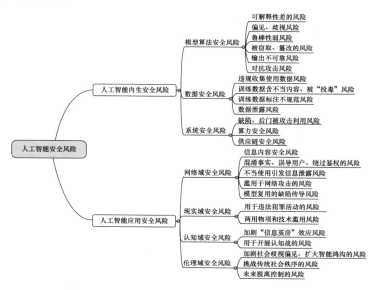

图1-12　人工智能常见的安全风险

　　针对上述安全风险，人工智能的开发者、服务提供者、系统使用者等需要从训练数据、算力设施、模型算法、产品服务、应用场景等各个方面采取措施予以防范。

　　（1）人工智能内生安全风险应对

　　针对人工智能内生安全风险中的模型算法安全风险，人工智能开发者要不断提升人工智能系统的可解释性、可预测性，为人工智能系统内部构造、推理逻辑、技术接口、输出结果提供明确说明。开发者要在设计、研发、部署、维护人工智能系统的过程中建立并实施安全开发规范，尽可能消除模型算法存在的安全缺陷、歧视性倾向，提高人工智能系统的安全性。

　　针对数据安全风险，开发者在用户数据的收集、存储、使用、加工、传输、提供、公开、删除等各个环节，应遵循数据收集使用、个人信息处理的安全规则，严格遵守关于用户控制权、知情权、选择权等法律法规的规定。

　　开发者要加强知识产权保护意识，在训练数据选择、结果输出等环节防止侵犯知识产权。开发者要对训练数据进行严格筛选，确保训练数据中不包含高危领域敏感数据。开发者要加强对数据的安全管理，数据的使用过程要符合数据安全和个人信息保护相关标准规范。开发者要使用真实、准确、客观、多样且来源合法的训练数据，及时过滤失效、错误、偏见数据。开发者向境外提供人工智能服务，应符合数据跨境管理规定，向境外提供人工智能模型算法，应符合出口管制要求。

　　针对系统安全风险，开发者要对人工智能技术和产品的原理、适用场景、安全风险等进行适当的公开，对输出内容进行明晰标识，不断提升人工智能系统的透明性。

　　对于聚合多个人工智能模型或系统的平台，开发者应加强风险识别、检测与防护，防止因平台被攻击入侵而影响其承载的人工智能模型或系统。

　　人工智能服务的提供者要加强人工智能算力平台和系统服务的安全建设、管理、运维能力，确保服务运行的稳定。同时，人工智能产业链参与者要高度关注供应链安全，确保人工智能系统采用的芯片、软件、工具、算力和数据资源的安全，跟踪软硬件产品的漏洞、缺陷信息并及时采取修补措施，以保证人工智能系统的安全性。

　　（2）人工智能应用安全风险应对

　　针对网络域安全风险，人工智能开发者和服务提供者要为人工智能系统建立安全防护机制，防止模型在运行过程中被干扰、篡改而输出不可信结果，并建立数据护栏，确保人工智能系统输出的内容符合相关法律法规。

　　针对现实域安全风险，人工智能开发者和服务提供者要根据用户实际应用场景设置服务提供边界，裁减人工智能系统可能被滥用的功能，为用户提供的服务不应超出人工智能系统预设的应用范围。开发者要提高人工智能系统最终用途的追溯能力，防止人工智能系统被应用于高危场景。

　　针对认知域安全风险，人工智能开发者要通过技术手段判别不符合预期、不真实、不准确的输出结果，对收集用户信息的人工智能系统，开发者应注意防范用户信息被滥用。此外，开发者要加强对人工智能生成内容的检测技术研发，提高对认知战手段的防范、检测与处置能力。

　　针对伦理域安全风险，在人工智能算法设计、模型训练和优化、提供服务等过程中，人工智能开发者和服务提供者要采用训练数据筛选、输出校验等方式，防止人工智能系统产生民族、信仰、国别、地域、性别、年龄、职业、健康等方面的歧视。

课后习题

1. 简述人工智能的特点。
2. 人工智能分为哪些类型？请举例说明。
3. 在人工智能产业链中，人工智能的基础层包括哪些内容？
4. 在人工智能时代，如何正确看待人类与人工智能的关系？
5. 如何有效应对人工智能对人们就业造成的影响？
6. 简述人工智能从业者应符合哪些素养要求。
7. 简述人工智能面临的安全风险及应对安全风险的措施。

课后实践：人工智能伦理与社会责任探讨

1. 实践目标

识别人工智能应用中的伦理问题，分析不同情境下人工智能决策的伦理考量，讨论并提出解决人工智能伦理问题的策略和建议，增强对人工智能社会责任的认识，促进技术向善。培养学生的批判性思维、道德判断力和社会责任感。

2. 实践内容

（1）资料收集与分析

收集不同领域（如医疗、交通、金融等）中人工智能应用的案例资料，重点关注其中涉及伦理和社会责任问题的部分。

研究国际上关于人工智能伦理的准则、宣言等文件，如欧盟委员会发布的人工智能道德准则《Ethics Guidelines For Trustworthy AI》，分析其制定的背景、内容和意义。

查阅学术论文、行业报告和新闻报道，了解学者、人工智能从业者和公众对人工智能伦理与社会责任问题的看法和讨论热点。

（2）小组讨论

以小组为单位，针对收集到的案例资料展开讨论，分析案例资料中存在的伦理问题，如算法偏见导致的不公平决策、隐私泄露问题等。

讨论人工智能开发者、使用者和监管者在社会责任方面应承担的角色和义务，探讨如何在技术发展和社会利益之间寻求平衡。

（3）案例研究与模拟决策

选择几个典型的人工智能伦理困境案例，如自动驾驶汽车面临的道德抉择（在不可避免的碰撞中选择保护车内乘客还是行人），并进行深入分析。

每个小组成员扮演不同的利益相关者（开发者、用户、监管者、受影响的公众等），根据各自的立场提出解决方案，并在全班范围内进行讨论。

（4）社会调查与访谈

如果时间和条件允许，可以设计简单的调查问卷，了解周围人群（同学、老师、社区居民等）对人工智能伦理和社会责任问题的认知和看法。

尝试采访相关领域的专家、学者或从业者，获取他们对这些问题的专业见解和实践经验。

3. 实践步骤

（1）准备阶段

分组：根据班级人数，将学生分成若干小组，每组5～7人，并确定组长。

任务布置：向学生详细介绍实践主题、目标、内容和要求，发放实践指导手册，包括资料收集的途径建议、讨论问题的大纲等。

资料准备：教师准备一些基础资料，如相关学术论文、行业报告、国际人工智能伦理准则等文件的电子版，分享给学生。

（2）资料收集与分析

学生根据小组分工，通过图书馆、学术数据库、互联网、新闻媒体、政府机构网站等渠道收集资料，并进行整理和初步分析。

各小组定期向教师汇报资料收集进展和遇到的问题，教师给予指导和建议，确保资料收集工作顺利进行。

（3）小组讨论

各小组成员集中讨论收集到的资料，按照实践要求，分析资料中的伦理和社会责任问题，重点讨论问题产生的原因和可能的影响。

组长负责记录讨论内容，整理小组观点，形成小组讨论报告的初稿，包括对问题的分析和初步的解决思路。

（4）案例研究与模拟决策

每个小组选择特定的案例进行深入研究，进一步完善模拟决策方案。在模拟决策过程中，小组成员要充分扮演好各自的角色，从不同角度思考问题，并准备详细的陈述内容。

各小组可以在组内进行预演，互相提出意见和建议，对模拟决策方案进行优化，确保在全班汇报时能够清晰、准确地表达小组的观点。

（5）汇报与评价阶段

各小组在全班范围内依次进行汇报，展示小组讨论结果和模拟决策方案。汇报形式可以包括PPT演示、角色扮演等，以增强展示效果。

其他小组同学认真听取汇报，并在每个小组汇报结束后进行提问、讨论和评价。教师也参与评价，从问题分析的深度、解决方案的合理性、团队协作、表达能力等多个维度对每个小组的表现进行打分和评价。

（6）总结阶段

教师对整个实践活动进行总结，梳理各小组提出的主要观点和问题，强调人工智能伦理与社会责任问题的重要性和复杂性。

对学生在实践活动中的表现进行总体评价，表彰表现优秀的小组和个人，鼓励学生在今后的学习和生活中继续关注人工智能伦理与社会责任问题。

根据实践过程中出现的问题和学生的反馈，对实践内容和指导方法进行反思和改进，为今后的教学实践提供经验参考。

学习目标

➢ 了解数据、算力、算法对人工智能的作用与影响。
➢ 掌握人工智能涉及的数据类型、数据的采集方式、算力的构成和常用算法。
➢ 了解机器学习的原理与学习类型。
➢ 了解人工智能大模型的开发过程、类型，以及国内常见的人工智能工具。
➢ 掌握人工智能工具提示词的设计方法。

本章概述

　　人工智能的核心是让机器模仿人类的智能行为，使机器具备感知、思考、决策甚至是自我学习的能力，为人类解决一系列问题。要想深度理解人工智能，首先需要对其工作原理有所了解，明白人工智能依靠什么获得相应的能力，又是如何完成相应的任务。本章主要介绍数据、算力、算法对人工智能的重要作用与影响，机器学习的原理与学习类型，人工智能大模型的开发过程、类型，国内常见的人工智能工具，以及人工智能工具提示词的设计技巧。

本章关键词

　　数据　算力　算法　机器学习　人工智能大模型　提示词设计

知识导图

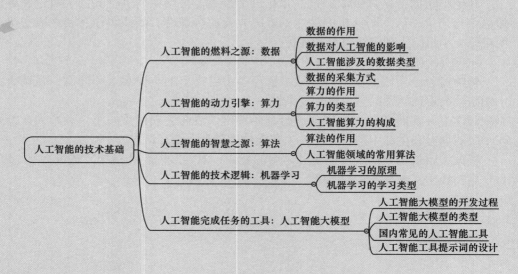

2.1　人工智能的燃料之源：数据

数据被称为人工智能的燃料，是人工智能进行学习和迭代优化的基础。通过机器学习和深度学习技术，人工智能能够从大量数据中提取模式、规律和决策逻辑，没有数据，人工智能就无法学习和迭代优化，再先进的算法和算力也无法发挥其应有的价值。

数据是事实或观察的结果，是对客观事物的逻辑归纳，是用于表示客观事物的未经加工的原始素材。它不仅指狭义上的数字，还可以是具有一定意义的文字、字母、数字、符号的组合，图形、图像、视频、音频等，也是客观事物的属性、数量、位置及其相互关系的抽象表示。例如，"0、1、2…""晴、阴、雨""学生的档案记录、货物的运输情况"等都是数据。数据经过加工后就成为信息。

人工智能的发展需要大量训练数据的支持，训练数据与日常数据的区别很大。训练数据主要用来训练人工智能模型，使其学习到数据中的模式和规律，从而能够对新的数据进行预测或分类。例如，在图像识别中，训练数据包含大量标记好的图像，模型通过学习这些图像的特征来识别新的图像中的物体。而日常数据主要用于模型的日常运行和应用，帮助模型在实际场景中进行决策或预测。例如，在推荐系统中，日常获取的用户行为数据用于实时推荐用户可能感兴趣的商品或内容。

训练数据需要经过严格的清洗和预处理。日常数据则由于数据量大且实时性要求高，对数据的清洗和预处理相对较少，并且可能包含更多的噪声和错误，数据质量参差不齐。

另外，训练数据需要进行标注，即为每个数据样本添加相应的标签。标注的数据可以帮助模型更好地提取数据中有意义的模式和信息。日常数据一般不需要进行标注，模型直接对这些数据进行处理和分析。

2.1.1　数据的作用

在人工智能的发展中，数据作为关键资源，发挥着至关重要的作用，具体来说体现在以下 3 个方面。

1. 数据是人工智能学习的基础

人工智能算法需要大量数据的支持。在数据的支持下，人工智能算法能够识别模式、学习行为，并对未见过的情况做出预测。例如，在自然语言处理领域，通过学习大量的文本数据，人工智能能够很好地理解语言中包含的语义、情感及语言的其他复杂特性。

2. 数据支持人工智能进行预测

在人工智能中，数据既能为人工智能提供学习资料，也能支持人工智能进行预测。通过分析历史数据，人工智能能够预测事件未来的发展趋势、评估各种行动方案的后果等。以个性化推荐为例，人工智能能够在分析用户历史行为数据的基础上，分析并把握用户兴趣和偏好，为用户提供个性化的内容，让用户获得更好的服务体验，从而增加用户对平台的黏性。

3. 数据推动人工智能迭代优化

人工智能需要通过不断的迭代来优化自身性能。迭代的过程包括监测当前模型的表现、识别问题所在，以及基于新数据对模型进行调整。性能的优化包括提高准确率、提升效率、减少资源消耗等。

在人工智能迭代的过程中，数据发挥着至关重要的作用。人工智能通过对模型实际使用过程中产生的数据进行分析，能够识别出错误的决策，发现未能掌握的模式，进而确定优化的方向。例如，在自动驾驶领域，通过分析车辆行驶过程中产生的数据，人工智能能够不断调整其模型，以更好地应对复杂多变的道路条件，使车辆的运行更安全。

2.1.2　数据对人工智能的影响

高质量的数据有助于确保人工智能学习的准确性和广泛性，有利于增强人工智能的泛化能力。数据的质量、数据的多样性、数据标注的准确性、数据的数量、数据的合规性都会对人工智能产生直接影响。

1. 数据的质量对人工智能的影响

衡量数据质量的关键因素是准确性、精确性、真实性、完整性、一致性、时效性、关联性、可理解性、有效性和唯一性。数据的质量对人工智能的影响主要体现在以下5个方面。

（1）影响人工智能模型的准确性

高质量的数据能够极大地提升人工智能模型的准确性。如果数据准确、完整且具有代表性，人工智能模型就能更好地学习到正确的模式和规律。例如，在图像分类任务中，若训练所使用的图像清晰且标注准确，人工智能模型就能更准确地识别各种图像。

低质量的数据可能包含错误的标注、噪声或不完整的信息，这会导致人工智能模型学习到错误的模式，从而降低其准确性。例如，标注错误的图像可能会使人工智能模型对某些物体产生错误的认知，从而在实际应用中出现错误分类的情况。

（2）影响人工智能模型的可靠性

可靠的模型需要以可靠的数据为基础进行训练。高质量的数据具有一致性和稳定性，能够更好地保证人工智能模型在不同的场景和条件下都能稳定地输出。而低质量的数据可能会导致人工智能模型输出的波动较大，难以让人信任其结果。

对应用于金融领域风险评估的模型来说，准确、可靠的数据可以确保模型对风险的评估更加准确和可靠，可以为人们的决策提供有力支持。例如，商汤科技的AI遥感大模型分析工具涵盖了30多种智能遥感分析算法，能够覆盖变化检测、目标识别等应用场景，能够为保险公司提供农作物承保数据交叉验证服务，帮助保险公司完善自身的风险评估和理赔服务体系。

图2-1所示为商汤科技AI遥感大模型分析工具做出的某地区种植结构识别分析。

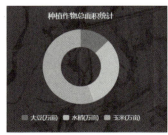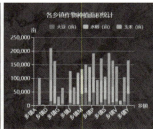

图2-1　某地区种植结构识别分析

（3）影响人工智能模型的性能和效率

干净、规整的数据更容易被人工智能模型学习。例如，数据经过预处理，去除了冗余信息和噪声，人工智能模型可以更快地收敛。同时，高质量的数据可以使人工智能模型更加简洁、高效。相反，低质量的数据可能会使人工智能模型变得臃肿复杂，从而降低自身的性能。

（4）影响人工智能模型的泛化能力

高质量的数据具有广泛的代表性，能够帮助人工智能模型学习到更通用的模式，从而提高其泛化能力。例如，在自然语言处理中，来自不同领域、不同风格的高质量文本数据可以让人工智能模型更好地理解各种语言，从而使人工智能模型在处理新的文本数据时更加得心应手。而如果数据过于单一或存在偏差，人工智能模型可能会过度拟合训练数据，在面对新数据时表现不佳。

（5）影响人工智能系统的应用效果

无论是医疗诊断、智能交通还是客户服务等领域，高质量的数据都能使人工智能系统提供更准确、可靠和有用的服务。例如，在医疗领域，准确的患者数据可以帮助人工智能辅助诊断系统做出更准确的疾病诊断，提高医疗质量。而低质量的数据可能会使人工智能辅助诊断系统做出错误的诊断和治疗决策，给患者带来严重的后果。

2. 数据的多样性对人工智能的影响

数据的多样性是指数据在多个方面所呈现出的丰富性和差异性，包括数据类型的多样性、数据来源的多样性、数据内容的多样性。

多样化的数据对人工智能的影响主要体现在以下 4 个方面。

（1）提升人工智能模型的准确性

多样化的数据为人工智能模型提供了更广泛的特征空间。不同类型的数据可能包含不同的特征信息，例如，图像数据中的颜色、纹理、形状等特征，文本数据中的词汇、语法、语义等特征。通过学习这些数据多样化的特征，人工智能模型能够更全面地理解数据的本质，从而提高对未知数据预测的准确性。

以人脸识别为例，不同角度、光照条件、表情和年龄的人脸图像数据可以让人工智能模型学习到更多的人脸特征（见图 2-2），使得其在实际应用中能够更准确地识别不同状态下的人脸。

（2）增强人工智能模型的鲁棒性

鲁棒性是指系统在面临内部结构和外部环境变化时，保持其性能和功能稳定的能力。多样化的数据可以让人工智能模型在接触到各种不同的情况和变化时，更好地适应新的输入，而不是单纯地依赖特定的模式或场景。

例如，在自然语言处理中，如果开发者只使用正式的书面文本对人工智能模型进行训练，就会导致人工智能模型

图 2-2 多样化人脸特征学习

在处理口语化、带有错别字或网络用语的文本时表现不佳。而多样化的文本数据可以让人工智能模型学习到不同的语言表达方式，提高其对各种输入的鲁棒性。

（3）满足个性化需求

随着人工智能在消费领域的应用越来越广泛，用户的个性化需求也越来越受到关注。多样化的数据可以帮助人工智能模型更好地理解不同用户的需求和偏好，从而为用户提供个性化的服务。

例如，在电商领域，人工智能模型可以通过分析用户的购买历史、浏览记录、搜索关键词等数据为用户提供个性化的商品推荐，如图2-3所示；在音乐推荐领域，人工智能模型可以通过分析用户的听歌历史、音乐偏好、社交关系等数据为用户推荐符合其需求的音乐。

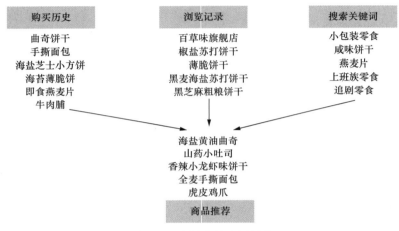

图2-3   个性化的商品推荐

（4）推动人工智能模型创新

不同类型数据的融合和交叉分析可以让人工智能模型实现创新性的应用，如图2-4所示。例如，将实时交通流量数据（如车辆速度、拥堵情况、公共交通工具使用情况）与城市基础设施规划、人口分布、经济活动等数据相结合，可以预测城市交通趋势，优化交通网络布局，减少拥堵，提高出行效率；将传感器数据与气象数据结合起来，可以预测自然灾害的发生；将土壤湿度、温度、光照强度等环境监测数据与作物生长周期、产量、病虫害发生情况等农业数据相结合，可以精准预测作物生长状况，进而优化灌溉、施肥、病虫害防治等农业管理措施。

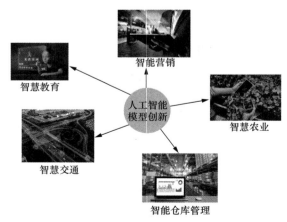

图2-4   人工智能模型创新

3. 数据标注的准确性对人工智能的影响

数据标注是指通过人工或自动化的方式，对原始数据进行处理和标注，为人工智能模型提供带有标签的训练数据，如图2-5所示。数据标注的主要作用在于将现实世界中的各种信息转化为人工智能模型可以理解的形式，以便人工智能模型进行学习和预测。

图2-5　数据标注

例如，在图像识别中，数据标注员会对大量的图片进行标注，指出图片中的物体是什么、位置在哪里等信息。这样，当人工智能模型学习这些标注好的图片数据后，就能够对新的、未见过的图片进行准确的识别和分类。

数据标注的准确性对人工智能的影响主要体现在以下4个方面，如图2-6所示。

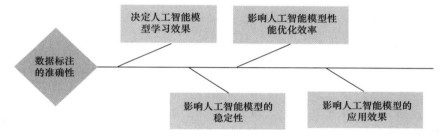

图2-6　数据标准的准确性对人工智能的影响

（1）决定人工智能模型学习效果

标注准确的数据为人工智能模型提供了明确的学习目标。人工智能模型通过分析和归纳被标注的数据来理解不同特征与目标之间的关系。如果数据标注不准确，人工智能模型就会被误导，难以学到正确的模式和规律。例如，在图像分类任务中，如果一些图片中的猫被错误地标注为狗，人工智能模型在训练过程中就会混淆猫和狗的特征，导致人工智能模型在实际应用中无法对猫和狗做出正确的分类。

（2）影响人工智能模型性能优化效率

标注准确的数据可以使人工智能模型更有效地利用准确的信息进行参数调整，减少不必要的探索和错误的学习，从而快速达到较好的性能。相反，如果数据标注不准确，人工智能模型可能会在错误的方向上进行优化，从而导致花费更多的时间和计算资源才能达到较好的性能。

（3）影响人工智能模型的稳定性

当数据标注准确时，人工智能模型的输出结果更稳定、更可靠。不同的输入数据在经过使用标注准确的数据训练的人工智能模型处理后，能够得到相对一致和稳定的输出。而不准确的标注数据会导致人工智能模型的输出产生较大的波动，降低人工智能模型的可靠性和实用性。

（4）影响人工智能模型的应用效果

高度准确的数据标注为人工智能模型在各个领域的应用提供了坚实的基础。只有当数据标注准确时，人工智能模型才能在医疗、金融、交通等这些对准确性要求极高的领域中发挥应有的作用。例如，在医疗影像诊断中，标注准确的医学图像数据可以帮助人工智能模型准确识别病变区域，为医生提供诊断辅助，提高诊断的准确性和效率。

4. 数据的数量对人工智能的影响

大量的数据为人工智能模型提供了丰富的学习素材。在机器学习和深度学习中，人工智能模型通过对大量数据的分析和归纳来学习各种模式和规律。例如，图像识别模型需要大量不同类型的图像数据来学习不同物体的特征；自然语言处理模型需要大量的文本数据来理解语言的语法、语义和上下文关系。数据数量越多，人工智能模型就有越多的机会接触到不同的情况和变化，从而提高其泛化能力，即在面对新数据时的准确预测能力。

此外，丰富的数据还有助于提高人工智能模型的准确性和稳定性。随着数据量的增加，人工智能模型可以更好地拟合数据的分布，减少过拟合的风险。过拟合是指模型在训练数据上表现良好，但在新数据上性能下降的现象。例如，在金融领域的风险评估模型中，更多的数据可以让人工智能模型更准确地预测市场变化和风险因素，为投资者提供更可靠的决策依据。

5. 数据的合规性对人工智能的影响

合规的数据处理过程有助于确保人工智能系统的决策是可解释的，并且不会对人类造成伤害。例如，在自动驾驶领域，人工智能系统的决策可能会涉及人类的生命安全。如果使用的交通数据是通过不合规的方式收集的，可能会导致系统的决策不准确，从而对人类造成伤害。因此，人工智能模型所使用的数据必须符合《新一代人工智能伦理规范》《生成式人工智能服务管理办法（征求意见稿）》等相关政策文件的要求，开发者在采集和使用数据时必须遵守隐私保护、数据安全和反歧视等要求。

2.1.3　人工智能涉及的数据类型

人工智能涉及的数据类型如图2-7所示。

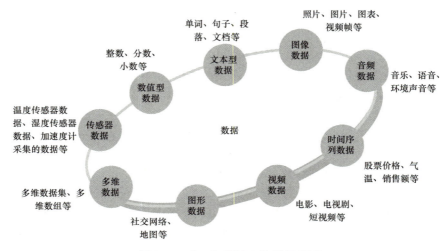

图2-7　人工智能涉及的数据类型

1. 数值型数据

数值型数据由数字组成，可以是整数、分数、小数等。数值型数据通常用于表示可以量化的属性，如年龄、身高、体重、价格等，也可以进行数学运算，如加法、减法、乘法和除法。例如，在股票市场预测中，股票价格、成交量等都是数值型数据。人工智能模型可以通过分析这些数值型数据来预测股票价格的走势。

2. 文本型数据

文本型数据由自然语言组成，没有固定的结构，可以是单词、句子、段落、文档等。在使用文本型数据之前，通常需要对其进行预处理，如分词、去停用词、提取词干、词形还原等，以从数据中提取有用的特征或表示。

在情感分析中，文本型数据可以是用户对产品的评价、电影的评论等。人工智能模型可以通过分析这些文本数据来判断用户的情感倾向。在自然语言处理任务中，人工智能模型可以通过分析大量的新闻文章，学习不同主题新闻文章的特征，从而实现新闻分类。在问答系统中，文本型数据被用于回答用户的问题。例如，通过分析大量的知识库和文档，人工智能模型可以回答用户提出的一些问题。

3. 图像数据

图像数据可以是照片、图片、图表，也可以是视频帧。图像数据通常需要进行缩放、裁剪、归一化等预处理，并通过卷积神经网络等模型进行特征提取。

在图像识别中，图像数据可以是动物的照片、植物的照片等。人工智能模型可以通过分析这些图像数据来识别不同的物体。

4. 音频数据

音频数据是由声音信号组成的数据，可以是音乐、语音、环境声音等。开发者在使用音频数据前通常需要对其进行采样、滤波、特征提取等预处理，以从音频数据中提取有用信息。

人工智能模型可以通过分析这些音频数据来识别语音内容。在音乐推荐系统中，系统通过分析用户收听的音乐数据，为用户推荐其可能喜欢的音乐。

5. 时间序列数据

时间序列数据是按照时间顺序排列的数据，通常用于描述随时间变化的现象，如股票价格、气温、销售额等。这类数据在预测分析、时间序列建模等领域具有广泛应用。例如，通过分析历史的销售额数据，预测未来的销售额。通过分析传感器数据的时间序列，检测设备的故障。

时间序列数据通常需要进行平滑、去趋势、差分等预处理，以提取时间序列中的趋势、季节性和周期性等信息。

6. 视频数据

视频数据由连续的图像帧组成，同时可能包含音频信息，可以是电影、电视剧、短视频等。例如，一部电影由大量的图像帧和音频组成，呈现出动态的视觉和听觉效果。

7. 图形数据

图形数据通常用于表示节点和边之间的关系，如社交网络、地图等。这类数据在图神经网络（Graph Neural Network，GNN）等模型中具有重要意义。图形数据需要进行图嵌入、节点特征提取等预处理。

8. 多维数据

多维数据通常包含多个属性或特征，如多维数据集、多维数组等。这类数据在数据挖掘、机器学习等领域具有广泛的应用。多维数据在使用前需要进行降维、聚类等预处理。

9. 传感器数据

传感器数据通常来自各种传感器设备，如温度传感器、湿度传感器、加速度计等。这类数据在物联网（Internet of Things，IoT）、环境监测等领域具有广泛的应用。传感器数据在使用前需要进行去噪、校准等预处理。

2.1.4 数据的采集方式

开发者确定所需的数据类型和范围后，需要采用合适的方法采集数据。常用的采集数据的方法有以下7种。

1. 使用网络爬虫抓取数据

开发者使用Python、JavaScript等语言构建网络爬虫，也可以使用八爪鱼、火车头等网络爬虫工具来抓取数据。

2. 使用传感器采集数据

开发者通过部署各种传感器设备（如湿度传感器、温度传感器等），可以实时采集各种环境数据，如温度、湿度、光照、声音等。

3. 通过开放API获取数据

许多网站和服务提供开放的API，允许开发者以规范的方式获取数据。例如，天气预报API可以提供实时的天气数据，地图API可以获取地理位置数据。

4. 购买数据集

一些数据集供应商可以提供特定领域的数据集，这些数据集通常已经经过预处理和标注，可以直接用于训练人工智能模型。

5. 通过数据库查询数据

开发者可以通过结构化查询语言（Structured Query Language，SQL）从关系数据库中获取所需的数据。例如，在客户关系管理系统中，开发者可以查询数据库中的客户购买历史、联系方式等数据。

6. 通过用户交互获取数据

开发者设计调查问卷并邀请用户填写，收集用户的反馈和意见。例如，在产品开发过程中，开发者可以通过问卷调查了解用户对人工智能产品功能、设计、价格等方面的需求和满意度，为人工智能产品的开发和优化提供依据。

7. 使用数据分析工具获取数据

开发者可以使用百度指数、飞瓜数据、蝉妈妈等工具收集用户行为数据，如点击次数、浏览时间、购买记录等。

2.2 人工智能的动力引擎：算力

算力是支持计算机通过处理数据，实现特定结果输出的计算能力。算力是支撑人工智能算法运行和数据处理的基础资源。人工智能的不断发展使其对算力的需求也在不断增加。

2.2.1　算力的作用

算力是人工智能模型高效、准确处理任务的重要支撑，是人工智能发展不可或缺的核心要素之一，其作用主要体现在以下两个方面。

1. 支持人工智能模型的训练与推理

随着数据量的不断增加，人工智能模型需要处理更大规模的数据集才能充分学习数据中的模式和规律，从而获得更好的性能。高算力可以确保人工智能模型能够在合理的时间内处理这些大规模数据集，让人工智能模型能够从更多的数据中获取信息，提高准确性和泛化能力。例如，在自然语言处理中，训练一个数据规模较大的语言模型可能需要处理包括数十亿甚至数百亿个单词的文本数据。只有具备足够的算力，才能有效地训练这样的模型。

此外，高算力可以让开发者尝试设计更复杂的模型，这些复杂的模型通常具有更多的参数和更深的层次，能够捕捉到更高级的特征和更复杂的关系，但同时也需要更多的计算资源来训练和优化。有了强大的算力支撑，开发者可以不断探索新的模型，进而推动人工智能的发展。

在人工智能模型训练完成后，实际应用的推理阶段同样需要算力支持。在实际应用中，人工智能模型需要对输入数据进行快速的推理，以做出实时的响应。高算力可以确保人工智能模型在短时间内完成推理任务，满足实时性要求。例如，在智能语音助手、自动驾驶等应用中，人工智能模型需要在毫秒级的时间内对语音指令或传感器数据进行处理和响应。只有具备高算力的硬件设备，才能满足这些应用的实时性要求。

此外，高算力可以确保人工智能模型能够在不同规模的设备上高效地运行，这对于实现人工智能的广泛应用具有重要意义，能够让人工智能模型为更多的用户提供智能服务。

2. 决定人工智能应用的性能和效率

在需要实时响应的应用场景（如自动驾驶、远程医疗等）中，算力的高低直接影响着人工智能系统的响应速度和准确性。高算力可以确保人工智能系统在面对复杂情况时能够迅速做出正确的决策。

在数据分析和预测等应用中，算力也直接影响预测结果的准确性。高算力可以支持更复杂的数据处理和分析算法，从而提高预测结果的准确性。同时，高算力也可以提高数据的处理速度和处理效率，为人工智能模型训练提供高质量的数据。

2.2.2　算力的类型

算力可分为基础算力、智算算力和超算算力3种，分别提供基础通用计算、人工智能计算和科学工程计算。

1. 基础算力

基础算力是由基于中央处理器（Central Processing Unit，CPU）芯片的服务器所提供的算力，是最基本的计算能力。

基础算力具有广泛的适用性，能够满足日常办公、网页浏览、文件处理、移动计算及物联网等常规应用场景的基本计算需求，适用于对计算性能要求不高、但需要稳定可靠的计算支持的场景。

随着半导体工艺的不断进步，现在的CPU能够集成数十亿个晶体管，极大地提高了运算速度，并降低了功耗。多核处理器的发展使得单个CPU能够同时处理多个任务，计算效率获得显著提升。

2. 智算算力

智算算力主要是基于GPU、FPGA、ASIC等芯片的加速计算平台提供的算力，主要用于人工智能的训练和推理计算，是推动人工智能发展和应用的关键算力类型。

智算算力擅长处理大规模的并行计算和执行复杂的算法，具有性能更优、能耗更低等优点，能够快速处理海量的数据和执行复杂的人工智能算法。

3. 超算算力

超算算力是由超级计算机之类的高性能计算集群所提供的算力，是一种强大的计算能力。

超算算力系统通常由大量的高性能处理器、高速内存和存储设备组成，具备极高的计算性能和强大的并行处理能力，能够处理极端复杂的或数据密集型问题。

超算算力主要用于尖端科学研究、工程模拟、气象预报、药物研发、航空航天等对计算能力要求极高的领域，这些领域的计算任务通常非常复杂，需要大量的计算资源和高性能的计算设备来支持。

2.2.3 人工智能算力的构成

人工智能算力是一个复杂且多层面的系统，它涵盖了硬件、软件、网络通信等多个方面，如图2-8所示，这些组成部分相互协作，共同支撑起人工智能应用的强大计算能力。

1. 硬件部分

硬件部分包括处理器、内存和存储设备。

（1）处理器

处理器是计算机系统的运算和控制核心，是信息处理、程序运行的最终执行单元。人工智能算力常用的处理器包括CPU、GPU、ASIC、FPGA。

CPU主要负责控制和协调各个硬件组件的工作，以及进行一些通用计算任务，在处理复杂的逻辑和控制流程方面仍然起着重要作用。

GPU具有大量的计算核心，擅长并行计算，能够快速进行大规模的矩阵运算和卷积操作，非常适合深度学习中的模型训练和推理任务。

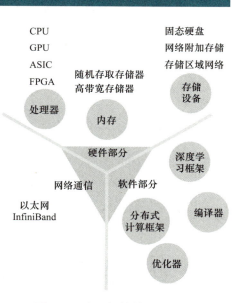

图2-8 人工智能算力的构成

ASIC具有可定制化的特点，与GPU相比，ASIC在性能、功耗和成本方面更具优势。

FPGA具有较高的灵活性和适应性，可用于加速特定的算法或任务。同时，FPGA的功耗相对较低，适用于一些对功耗要求较高的边缘计算场景。

（2）内存

内存也称内存储器、主存储器，用于暂时存放CPU中的运算数据，以及与硬盘等外部存储器交换的数据。人工智能算力中常用的内存有随机存取存储器（Random Access Memory，RAM）和高带宽存储器（High Bandwidth Memory，HBM）。

RAM是计算机中用于暂时存储数据和程序的存储器。人工智能的计算需要大容量的内存来存储中间结果和临时数据，RAM具有较高的容量和相对较快的读写速度，能够满足人工智能的内存需求。

HBM是一种专门为高性能计算设计的存储器，具有极高的带宽和较低的延迟。在人工智能领域，特别是对于数据规模较大的深度学习模型，HBM可以提供更快的数据访问速度，从而加速模型的训练和推理过程。

（3）存储设备

存储设备是用于储存信息的设备。固态硬盘（Solid State Disk，SSD）具有较高的读写速度和较低的访问延迟，适用于存储大规模的数据集和模型文件。在人工智能计算中，读写速度快的存储设备可以减少数据加载的时间，提高计算效率。

对于数据规模较大的人工智能模型，需要大量的存储空间来存储和共享数据。高速网络存储设备如网络附加存储（Network Attached Storage，NAS）和存储区域网络（Storage Area Network，SAN），可以提供大容量、高可靠性的存储解决方案，并且可以让开发者通过网络高速访问存储的数据。

2. 软件部分

软件部分包括深度学习框架、分布式计算框架、编译器和优化器。

（1）深度学习框架

深度学习框架是一种用于构建、训练和部署深度神经网络模型的工具集合。常见的深度学习框架如TensorFlow、PyTorch、Caffe、MXNet、Keras等，这些框架各有特点，开发者需要在考虑项目的需求、开发团队的技术能力、框架的性能，以及社区支持等因素的基础上进行选择。

（2）分布式计算框架

在处理大规模的人工智能计算任务时，单机的计算资源往往是不够的。分布式计算框架可以将计算任务分配到多个计算节点（如多台服务器）上进行并行处理。例如，Apache Spark是一个用于大规模数据处理的分布式计算框架，它可以与深度学习框架结合使用。在训练超大型的神经网络模型时，通过分布式计算框架可以将数据和模型参数分配到不同的节点上进行计算，从而加速模型的训练过程。

另外，像Horovod这样的分布式深度学习训练框架，可以有效地协调多个GPU之间的计算，减少通信开销，提高模型的训练效率。

（3）编译器

编译器用于将高级编程语言（如Python）编写的人工智能代码转换为可以在特定硬件（如GPU）上高效运行的机器码。以NVIDIA的CUDA编译器为例，它针对GPU的架构特点，对代码进行了优化，包括对并行计算线程的分配、对内存访问模式的优化等。

（4）优化器

优化器可以对神经网络模型本身进行优化，如对模型的结构进行剪枝（减少不必要的神经元和连接）、量化（降低模型参数的精度）等操作，以提高模型在特定算力设备上的运行效率。

3.　网络通信

在多节点的人工智能计算集群中，以太网是最常用的网络通信方式之一。它可以将多个计算节点（如服务器）连接在一起，实现数据和指令的传输。例如，在分布式深度学习训练中，不同服务器上的GPU需要交换模型参数和梯度信息，以太网可以为其提供稳定的通信链路。高速以太网（如10Gbps、100Gbps以太网）能够支持大规模的数据传输，降低通信延迟，从而提高整个集群的计算效率。

InfiniBand是一种高性能的网络通信技术，主要用于数据中心内部的高速通信。在大规模的人工智能计算集群中，InfiniBand可以提供比以太网更高的带宽和更低的延迟。它采用专门的通信协议和硬件设备，能够让用户远程直接访问内存。这意味着在分布式计算过程中，一个节点可以直接访问另一个节点的内存，而不需要经过复杂的操作系统和网络协议栈，大大提高了数据传输的效率。

2.3　人工智能的智慧之源：算法

算法（Algorithm）是指解题方案的准确而完整的描述，是解决问题的一系列清晰指令。这些指令通常由计算机执行，用于计算、数据处理、自动推理和决策制定等任务。

2.3.1　算法的作用

算法负责将原始数据转化为有价值的信息，它决定了人工智能系统能够理解和处理信息的深度和广度。算法的作用主要体现在以下几个方面。

1.　支持数据处理与分析

算法在数据处理和分析方面发挥着关键作用。人工智能系统需要处理大量的数据，并从中提取有用的信息和模式。算法能够高效地处理这些数据，并识别出其中的规律、趋势和异常，为人工智能系统的决策和预测提供有力支持。

2.　推动人工智能技术进步

算法的创新是推动人工智能技术进步的关键因素。随着算法的不断发展和完善，人工智能系统能够解决更加复杂和多样化的问题。例如，深度学习算法的突破使人工智能在图像识别、语音识别、自然语言处理等领域取得了显著的进展。

现有算法不断的优化也是推动人工智能技术发展的重要动力。开发者通过对算法的结构、参数、计算效率等方面进行优化，可以提高人工智能系统的性能和效率，使其能够更好地应用于实际场景。

3.　拓宽人工智能的应用领域

算法的多样性和灵活性使得人工智能能够应用于广泛的领域。从医疗、金融到交通、安防等，算法在各个领域都发挥着重要的作用。通过设计针对特定应用场景的算法，人工智能系统可以更加精准地满足用户需求。

2.3.2　人工智能领域的常用算法

算法在不同的场景和任务中发挥着重要作用，在人工智能领域，常用的算法如图2-9所示。

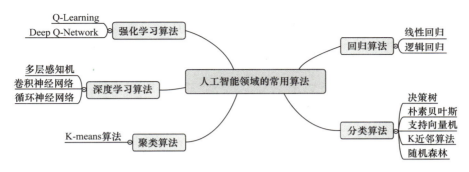

图2-9　人工智能领域的常用算法

不同的算法有不同的特点，能够解决不同的问题。解决不同的问题可能会用到不同的算法，也可能会用到相同的算法。任何一种算法都不是万能的，没有最高级的算法，只有最合适的算法。在开发人工智能产品时，开发者需要综合考虑多种因素，以确保所选算法能够高效、准确地解决特定问题。

首先，开发者要清晰地定义待解决的问题，是分类、回归、聚类，还是其他类型的问题；其次，开发者要分析数据的类型、规模、分布和特征数量，这些都将直接影响算法的选择；再次，开发者要根据应用场景，明确对算法性能的要求，例如，应用场景更加看重算法的准确率，还是更加看重算法的速度、资源消耗等。

此外，开发者要熟悉各个算法的优缺点，了解各个算法在不同数据集和场景下的表现，包括算法的准确率、训练时间、模型复杂度等。同时，开发者还要考虑算法的可解释性、鲁棒性、可扩展性等特性，算法的这些特性在某些应用场景下尤为重要。在选择算法时，开发者还需要考虑算法的可实现性和资源消耗。一些算法可能需要高性能的计算设备和大量的存储空间，而另一些算法则适合在资源受限的环境中使用。

开发者选定算法后，需要通过实验来评估算法的性能。同时，开发者也可以关注算法在训练速度、资源消耗和可解释性等方面的表现。如果条件允许的话，开发者可以比较多个算法的性能，从中选择最优的算法。

2.4　人工智能的技术逻辑：机器学习

机器学习是人工智能的核心技术之一，它使计算机能够从数据中学习规律、模式和趋势，从而具备一定的智能决策和预测能力。

2.4.1　机器学习的原理

机器学习是一种让计算机能够自动从数据中获取知识和经验，并利用这些知识和经验进行模式识别、预测和决策的技术。简单来说，机器学习就是让计算机像人一样，通过数据来学习知识，发现事物规律，进而获得某种分析问题、解决问题的能力。

人类学习与机器学习的原理如图2-10所示。

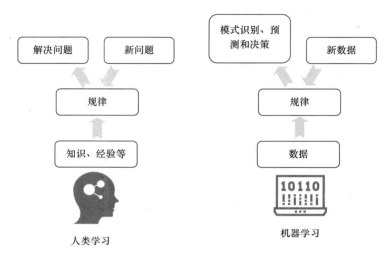

图2-10　人类学习与机器学习的原理

　　以识别动物为例，机器学习判断给定的图片是鸭子还是鸡的运作原理如图2-11所示。第一步，人们向计算机提供大量做好标注的鸭子和鸡的图片；第二步，计算机运用某种算法对这些带有标注的图片进行分析，发现其中的规律，理解鸭子和鸡的典型特征；第三步，计算机掌握了鸭子和鸡的特征，人们向计算机提供一个新的图片，计算机会根据之前的学习对图片中的特征进行分析，并对其进行分类。

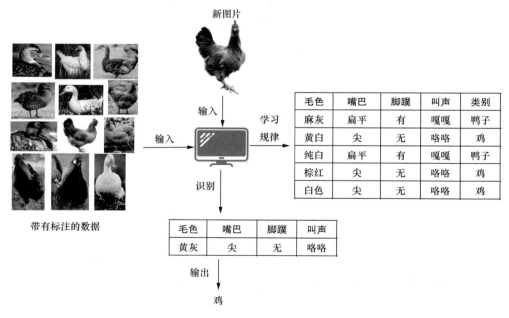

图2-11　机器学习识别动物的原理

　　机器学习使计算机能够从数据中学习规律，获得完成某种任务的能力，并随着学习内容的拓展不断提升自身性能。有些任务采用传统的方法难以完成或者是完成的效率较低，而依托机器学习，计算机则可以高效地完成这些任务。

2.4.2　机器学习的学习类型

机器学习分为监督学习、无监督学习、半监督学习和强化学习 4 种类型。

1. 监督学习

监督学习的基本原理是利用有标记的训练数据来构建模型（标记指的是每个训练数据样本都有一个对应的已知输出，这个输出称为标签）。通过学习输入数据和对应的标签之间的关系，模型可以在面对新的输入数据时，预测出相应的标签。简单来说，监督学习就是利用标记数据对模型进行训练，使模型能够预测新数据的标签。

以识别鸭子和鸡的图片的任务为例，首先，开发者要收集大量鸭子和鸡的图片；随后开发者进行数据标记，即为每张图片添加标签，如标记图片中动物的嘴巴特征、脚的特征等；之后，开发者使用这些带有标记的图片训练计算机模型，使其能够自动识别新图片中的动物类型。

2. 无监督学习

在无监督学习中，数据没有预先定义的输出标签或目标值，算法的目的是从数据本身的结构、分布等特性中挖掘信息，发现数据中的规律、模式或者对数据进行分组等操作。假设有一堆不同形状和颜色的积木，无监督学习就是在没有任何关于这些积木分类标准的提示的情况下，尝试去找出积木之间的相似性，例如，将形状相同的积木放在一起，或者将颜色相同的积木放在一起，如图 2-12 所示。

正方形积木

红色积木

图 2-12　无监督学习积木分类

3. 半监督学习

半监督学习结合了监督学习和无监督学习的特点，它利用少量的标注数据和大量的未标注数据来进行学习。例如，在一个图像分类任务中，只有一小部分图像被标注了类别（如只有 10% 的图像被标注是动物还是植物），而大部分图像没有被标注，半监督学习可以利用这部分未标注的数据来提高模型的性能。

4. 强化学习

强化学习的原理是智能体（智能体是能够感知环境并采取行动以实现特定目标的代理体）通过与环境的交互，学习如何采取行动以获得最大化的奖励。也就是说，智能体在环境中采取行动，之后智能体通过观察结果状态和获得的奖励来调整其策略，最终学习到最优策略。智能体每采取一个行动，环境就会根据这个行动反馈一个奖励值。这个过程是一个迭代的过程，智能体会不断地学习和改进自己的策略，直到达到某个停止条件（如达到最大迭代次数）。

例如，机器人走迷宫的游戏，如图 2-13 所示。机器人每次做出一个动作，如向前、向后、向左、向右，环境就会根据这个动作反馈一个奖励信号，如找到出口奖励为 +1，撞到墙壁奖励为 –1。机器人通过不断尝试动作，并根据奖励信号来调整自己的行为，最终学会一套最佳的动作策略来高效地完成任务。

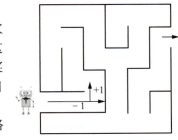

强化学习包括智能体、环境、状态、动作、奖励、策略等要素。

图 2-13　机器人走迷宫

（1）智能体

智能体是执行动作的主体，它可以是一个软件程序、一个机器人或者其他能够执行动作的实体。它通过与环境的交互来学习如何采取行动以获得最大化的奖励。例如，在机器人走迷宫游戏中，机器人就是智能体，它能够根据获得的相关信息做出前进、后退、向左转、向右转等动作。

（2）环境

环境是智能体进行交互的外部世界，它可以是物理环境，也可以是虚拟环境。环境会受到智能体动作的影响而改变状态，并且会向智能体反馈奖励信号。在机器人走迷宫游戏中，迷宫的每个路口、障碍物的位置等构成了环境，当机器人做出前进、后退等动作时，游戏环境会发生变化，并且根据机器人的行为给予相应的奖励。

（3）状态

状态是对环境和智能体在某一时刻情况的完整描述，它包含了智能体做出决策与执行动作所需要的所有信息。例如，在机器人走迷宫游戏中，机器人的状态可能包括它在迷宫中的位置、周围墙壁的位置、是否持有钥匙等信息。机器人根据当前状态来执行动作，并且随着机器人的行动和环境的变化，状态也会发生改变。

（4）动作

动作是智能体在某一状态下可以选择的行为，它决定了智能体如何与环境进行交互。在机器人走迷宫的游戏中，动作可能是机器人的各种运动方式，如前进、后退、旋转等。

（5）奖励

奖励是环境对智能体执行动作做出的反馈，它体现了智能体在当前状态下执行的动作的好坏。正奖励代表智能体的动作对实现目标是有益的；负奖励代表智能体的动作对实现目标是不利的。在机器人走迷宫的游戏中，机器人选对一个路口会得到一个正奖励，而如果机器人碰到了障碍物或选错了路口，就会得到一个负奖励。奖励信号是智能体学习的重要依据，它引导智能体朝着能够获得更多奖励的方向学习。

（6）策略

策略是智能体从状态到动作的映射，它决定了智能体在给定状态下应该如何执行动作。策略可以是确定性的，即给定一个状态，策略会明确地指定一个唯一的动作；也可以是随机性的，即给定一个状态，策略会给出执行不同动作的概率。策略是智能体的行为准则，它决定了智能体在不同状态下的动作选择。

智能体通过学习不断地优化策略，以提高在环境中获得奖励的能力。例如，在机器人走迷宫的游戏中，智能体的策略可以是根据当前所在的位置、迷宫的结构以及已探索的路径，决定是向左转、向右转、直行还是保持当前位置进行进一步的观察。机器人通过这些策略在迷宫中寻找通向出口的最优路径。

2.5 人工智能完成任务的工具：人工智能大模型

人工智能大模型是指拥有超大规模参数（通常在十亿个以上）、复杂计算结构的机器学习模型。它通常能够处理海量数据，完成各种复杂任务，如自然语言处理、图像识别等。随着人工智能技术的迅猛发展，人工智能大模型成为人工智能技术发展和应用的主要方向。

2.5.1　人工智能大模型的开发过程

人工智能大模型的开发是一个复杂的过程，其流程如图 2-14 所示。

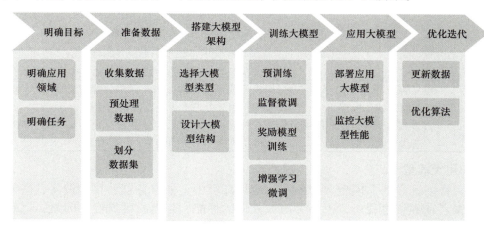

图 2-14　人工智能大模型开发流程

1. 明确目标

开发者要明确大模型的应用领域和具体任务，例如大模型是用于自然语言处理、图像识别、语音处理还是其他任务。不同的任务对大模型的要求不同，例如，自然语言处理可能需要大模型理解文本的语义和语法，图像识别则需要大模型能够识别图像中的物体和特征。

2. 准备数据

开发者采用多种方式收集与任务相关的数据，在收集数据时要确保数据的质量和数据的多样性、合规性。

之后，开发者要对收集到的数据进行预处理，包括数据清洗、数据标注，还可对某些数据进行数据增强，即通过对数据进行旋转、翻转、裁剪、缩放、添加噪声等操作，增加数据的多样性。例如，在图像识别中对图片进行随机的旋转和翻转；在自然语言处理中对文本进行随机的替换、删除、插入等操作。

随后，开发者要将收集、预处理后的数据整合为数据集，并将数据集划分为训练集、验证集和测试集，分别用于模型的训练、验证和测试。

3. 搭建大模型架构

开发者根据任务需求，选择合适的大模型类型，如 Transformer、GNN 等。在选择了大模型类型后，开发者需要设计大模型的具体结构，包括确定大模型的层数、神经元数量、激活函数、正则化方法等。

4. 训练大模型

大模型的训练阶段包括预训练、监督微调、奖励模型训练和增强学习微调等环节，各个环节的目标和实施细节如表 2-1 所示。

表2-1　训练大模型各个环节的目标和实施细节

训练环节	目标	实施细节
预训练	构建一个能够理解各类数据的通用模型	通过在大规模未标注的数据集上进行学习，来获取语言、图像或其他类型数据的规律和潜在结构，从而构建一个能够理解各类数据的通用模型
监督微调	让预训练环节的通用模型适应特定任务	① 将预训练环节得到的通用模型应用到特定任务中，通过在特定领域的带标签的数据集上的学习对通用模型进行微调，让通用模型学习特定任务的输出模式 ② 在通用模型的基础上添加额外的输出层并使用监督学习策略，调整通用模型的参数，以使预测错误达到最小化
奖励模型训练	建立奖励模型，为模型的行为制定评价标准	采用人工或自动化的方法，使用合理的奖励函数，建立奖励模型，引导模型产生更高质量的输出
增强学习微调	通过模型与环境的互动，不断优化模型的性能	模型在特定环境中进行试错学习，根据奖励模型做出的反馈，模型不断调整决策策略，提升性能

5. 应用大模型

开发者将训练好的大模型部署到实际应用环境中，如服务器、移动设备、嵌入式系统等。开发者在部署过程中，需要考虑大模型的性能、延迟、可靠性等因素，以确保大模型能够在实际场景中正常工作。

开发者完成大模型部署后，需要对大模型的性能进行监控，及时发现并解决大模型出现的问题。例如，监控大模型的准确率、召回率等指标的变化，以及大模型的响应时间、资源占用等情况。如果发现大模型的性能下降或出现异常，需要及时对大模型进行重新训练或优化。

6. 优化迭代

随着时间的推移，数据可能会发生变化，因此开发者需要定期更新训练数据，并重新训练大模型，以保持大模型的性能和准确性。同时，人工智能不断发展，新的技术和算法不断涌现，开发者需要关注最新的研究成果，及时将新的技术和算法应用到大模型中，以提高大模型的性能和竞争力。

2.5.2　人工智能大模型的类型

人工智能大模型可以根据不同的维度进行分类，常见的分类方式及其对应的类型如表2-2所示。

表2-2　人工智能大模型常见的分类方式及其对应的类型

分类维度	类型	说明
按学习范式分类	监督学习模型	这些模型基于标记数据进行训练，以学习输入与输出之间的映射关系。常见应用包括图像识别、欺诈检测等
	无监督学习模型	这些模型处理未标记数据，旨在发现数据中的隐藏模式和结构，常用于客户细分、异常检测等任务
	强化学习模型	通过与环境的交互来学习，基于试错机制，根据奖励信号来优化行为策略。应用场景包括机器人控制、游戏等

续表

分类维度	类型	说明
按技术架构分类	机器学习模型	使用算法和统计模型分析数据，从中学习并做出预测或决策，包括线性回归、决策树、随机森林等
	深度学习模型	基于多层神经网络，能够自动提取数据的高级特征，常见架构包括卷积神经网络（Convolutional Neural Network，CNN）、循环神经网络（Recurrent Neural Network，RNN）和 Transformer 模型
	自然语言处理模型	专注于理解和处理人类语言，包括语言翻译、情感分析等
	计算机视觉模型	专门用于处理和分析图像和视频数据，包括图像识别、目标检测、图像分割等
	机器人模型	结合 AI 与机械系统，使机器人能够执行物理世界中的任务，如自动驾驶汽车、工业机器人等
	专家系统	模仿人类专家的决策过程，使用规则和知识库来解决特定领域的问题
按功能能力分类	生成式 AI 模型	能够生成新的内容，如图像、音乐、文本等，包括生成对抗网络（Generative Adversarial Network，GAN）、变分自编码器（Variational Auto-Encoder，VAE）和扩散模型等
	预测式 AI 模型	基于数据预测未来的结果或趋势，常用技术包括线性回归、时间序列分析等
	辅助式 AI 模型	旨在协助人类完成各种任务，提高生产力和效率，如虚拟助手、推荐系统等
	对话式 AI 模型	支持人机对话和交互，包括聊天机器人、语音助手等，通常结合自然语言处理和对话管理技术

需要注意的是，一个大模型可能同时属于多个类别。此外，随着技术的不断发展，新的模型架构和学习范式也在不断涌现，因此人工智能大模型的类型也在不断更新和扩展。

2.5.3 国内常见的人工智能工具

在实际应用中，用户需要通过人工智能工具来使用人工智能大模型，目前，国内常见的人工智能大模型及其对应的人工智能工具如表2-3所示。

表2-3 国内常见的人工智能大模型及其对应的人工智能工具

人工智能大模型	人工智能工具
文心一言	文心一言
文心一格	文心一格
豆包	豆包
通义千问	通义千问
讯飞星火	讯飞星火
天工	天工 AI

1. 文心一言

文心一言是百度研发的大语言模型，它由文心大模型驱动，能够持续从海量数据和大规模知识中融合学习，具备强大的知识理解和应用能力。图2-15所示为文心一言首页。

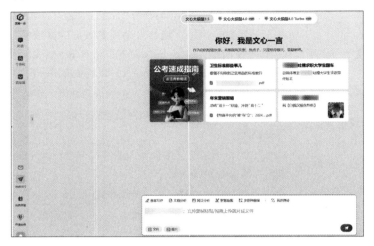

图2-15　文心一言首页

文心一言的功能特点如下。

① 对话交流：能够与人进行流畅、自然的对话互动，理解用户的意图和需求，并给出恰当的回应。

② 知识问答：回答历史、科学、文化、娱乐、体育等各种主题的问题，为用户提供详细的答案和解释。

③ 辅助创作：生成各种类型的文本，如诗歌、小说、电子邮件、商业文案等。

④ 逻辑推理和数学计算：它具备一定的逻辑推理和数学计算能力，可以进行逻辑推理、上下文推理，回答脑筋急转弯，以及解决各种数学问题，包括算术运算、代数问题、几何问题等。

⑤ 多模态生成：除了文本交互，文心一言还支持图像、音频等多种模态内容的生成，能够根据用户提供的文字描述生成相应的图像或音频。

基于文心一言的功能特点，用户可以使用它解答问题，生成诗歌、小说、电子邮件、商业文案、营销图片，翻译文本等。

文心一言还上线了一言百宝箱、使用指南、问题推荐、指令润色、智能配图、历史对话管理等功能，帮助用户更好地使用文心一言。它还推出了智能体广场，智能体能够执行各种任务，用户可以在智能体广场选择自己感兴趣的智能体，并进行对话、交互和体验。图2-16所示为文心一言智能体广场。

2. 文心一格

文心一格是百度依托飞桨、文心大模型的技术创新，推出的AI艺术和创意辅助平台。文心一格的功能特点如下。

① 图片生成：能够根据文本描述快速生成卡通风、印象派、油画、写实风、动漫风等多种艺术风格的图片，并支持用户对生成的图片进行二次编辑，如涂抹不满意的部分、叠加图片等。

图2-16 文心一言智能体广场

② 图片扩展：对已有图像进行画面扩展延伸。

③ 图片变高清：对于模糊的图片，文心一格可以提升其清晰度，使图片更加清晰。

④ 海报创作：用户可以通过简单的操作生成符合要求的海报。

⑤ 艺术字设计：生成个性化的艺术字。

⑥ 智能抠图：能够一键抠图、替换背景，生成无损透明背景图、不同底色证件照。

图2-17所示为文心一格AI创作页面。

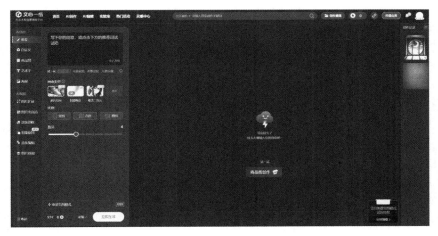

图2-17 文心一格AI创作页面

用户可以使用文心一格生成完整的图像，如创作个人头像、壁纸、插画等，也可以将其作为创意辅助工具，借助它寻找创作灵感，发现新的创作思路。例如，在广告营销领域，用户可以使用文心一格快速生成广告海报、宣传图片等素材，降低营销物料的制作成本、缩短时间周期。

在动漫、游戏、影视等文化创意行业，用户可以使用文心一格构思角色形象、进行场景设计等。例如，用户可以输入动漫角色的性格、外貌特征等信息，让文心一格生成动漫角色的初步形象，然后在此基础上进行进一步的创作和完善。

3. 豆包

豆包是字节跳动推出的依托豆包大模型的人工智能工具，它具有信息搜索、文本创作、图像生成、音乐生成、语言翻译等功能，图2-18所示为豆包功能列表页面。豆包还推出了视频生成功能，能将文字、图片信息转化为生动、逼真的视频内容，生成的视频的风格、画面尺寸较为多样。

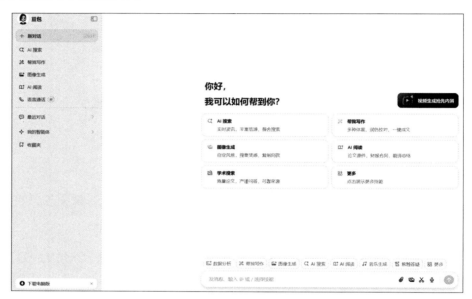

图2-18   豆包功能列表页面

豆包拥有广泛的应用场景，用户可以使用豆包搜索资料、创作文学作品、撰写营销文案、生成营销图片、创作个人专属音乐等，还可以将豆包作为学习外语的助手，帮助自身提高外语水平。

4. 通义千问

通义千问是阿里云推出的人工智能工具，它集成了先进的自然语言处理技术和机器学习算法，能够与用户进行多轮对话，理解用户提出的问题并给出准确的答案。通义千问的功能特点如下。

① 文本生成：根据给定的提示或上下文生成新的文本内容，如故事、文章、诗歌等。
② 问答：回答用户提出的各个领域的问题。
③ 对话交流：与用户进行自然、流畅的对话。
④ 信息检索：帮助用户查找特定的信息。
⑤ 代码生成：生成代码，或者提供一些编程建议。
⑥ 音视频速读：将音视频转换为文字，并生成摘要、脑图。
⑦ PPT创作：根据提示生成PPT，支持根据音视频生成PPT、根据文本生成PPT。

图2-19所示为通义千问对话页面，用户在页面下方的对话框中输入指令，通义千问可以根据指令做出回应。

图2-20所示为通义千问工具箱页面，用户可以根据自己的需求从中选择相应的工具进行使用。

图2-19　通义千问对话页面

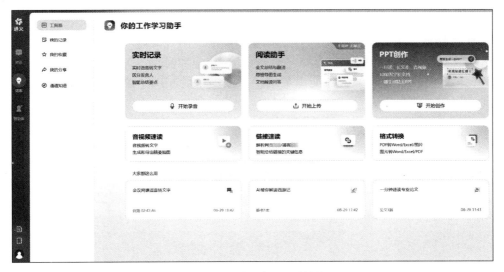

图2-20　通义千问工具箱页面

5. 讯飞星火

讯飞星火是由科大讯飞推出的人工智能工具，其功能特点如下。

① 信息搜索：帮助用户查找特定的信息。

② PPT生成：为用户提供PPT模板，能够根据输入的提示生成PPT。

③ 图像生成：根据文本描述快速生成多种艺术风格的图片。

④ 内容写作：根据给定的提示词或上下文生成新的文本内容。

此外，讯飞星火拥有多个公开智能体，可以帮助用户完成撰写文案、编写代码、撰写年终总结、制作PPT、优化简历、制定旅游攻略等任务。

图2-21所示为讯飞星火对话页面。讯飞星火还为用户提供了绘画大师、讯飞智文、讯飞晓医、讯飞绘文等多个智能体，面向不同的垂直应用场景，帮助用户解决更多刚需问题。

图2-21　讯飞星火对话页面

6. 天工 AI

天工 AI 是由北京昆仑万维科技股份有限公司推出的人工智能产品，它是一款融入大模型技术的搜索引擎，具有生成式搜索功能，能够根据用户输入的指令提供精确的搜索结果。天工 AI 的功能特点如下。

① 搜索功能：支持用户使用图片、文档、链接、语音或视频进行搜索对话，其搜索功能分为简洁、高级两个模式，支持全网搜索、文档搜索和学术搜索3种搜索方式，并可以生成图文并茂的整体答案，还能满足用户分段、生成脑图、改写扩写等二次加工的需求。图2-22所示为天工 AI 简洁的搜索页面。

图2-22　天工 AI 简洁的搜索页面

② 多种工具支持：天工 AI 为用户提供了 AI 文档音视频分析、AI 写作、AI 音乐、AI 图片生成、AI PPT 等工具，满足用户多种工作和创作场景需求。用户可以使用天工 AI 进行信息搜索、学习研究、内容创作、数据分析、客户服务等工作。

③ 专属知识网页：用户可以在天工 AI 的宝典广场使用天工 AI 创作自己的专属知识网页，高质量的知识网页有机会被收录到天工 AI 搜索和首页推荐中，创建者还可以从中获得广告分成。图2-23所示为天工 AI 宝典广场页面。

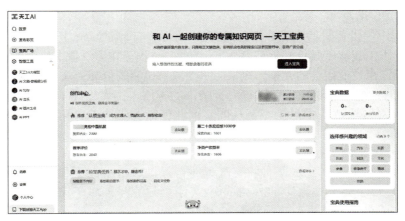

图2-23 天工AI宝典广场页面

2.5.4 人工智能工具提示词的设计

提示词是人工智能工具接收以生成响应或完成任务的初始文本输入，该输入可以是一组关键词、一个问题、一段描述或其他任何形式的文本。从用户的角度来说，设置有效的提示词能够更好地引导人工智能工具生成准确的内容。

用户在设计提示词时，可以采用以下技巧。

1. 明确任务或需求

在提示词中明确地指明任务或需求，例如，"请写一篇关于人工智能在医疗领域的应用的综述"，指明任务是写综述，让人工智能工具清楚地知道是要进行综述性文章的创作，而不是创作其他类型的文本，如故事或诗歌。

2. 设置限制条件

在提示词中明确细节要求，设置限制条件。设置限制条件的方法如表2-4所示。

表2-4 设置限制条件的方法

限制条件	说明	提示示例
限制主题	指出生成内容的主题或范围	"介绍人工智能的**基本概念**" "介绍人工智能技术**对就业的影响**"
限制角色	指定特定的角色或身份	"你是一位**旅游规划师**"
限制场景	描述具体的场景或情境	"假设我们正在**为一个五口之家规划一次秋季露营旅行**"
限制格式	明确指出格式要求	"请采用**Markdown格式**写一个产品介绍，包括产品名称、功能、价格和用户评价"
限制篇幅	明确规定字数范围、段落数量、回答的长度等	"写一篇**500～600字**的关于电影《×××》的影评"
限制时间	限定时间范围，以获得特定时间段内的信息	"基于**2020年到2024年**的数据进行分析"
限制领域	限制回答内容的领域	"说明人工智能**对医学领域**产生的影响"
限制语言风格	指出使用特定的语言风格	"用**幽默风趣的风格**写一篇旅游攻略" "以**学术严谨的风格**总结这个研究报告"
限制表达形式	指出以特定的表达形式生成内容	"以**对话的方式**呈现这个故事" "采用**新闻的方式**介绍这个事件"

3. 提供背景信息

在提示词中提供背景信息，如任务的背景、目的、目标受众、历史背景、相关环境因素等，有利于人工智能工具更好地理解任务。例如，"我正在为一款牛奶创作产品包装，包装要包含诗画江南、亚运会的元素，风格为水墨风，包装的目标受众主要为青少年。"

又如，"请介绍区块链技术在供应链金融中的应用，读者已经了解基本的供应链和金融的概念，但对区块链技术只是略有耳闻，因此你需要先简单介绍区块链技术，再详细阐述其应用"。

4. 提供参考示例

当要求人工智能工具完成某种特定任务时，提供参考示例更利于人工智能工具理解任务。例如，"以下是一些电影的分类示例：《泰坦尼克号》属于灾难片；《速度与激情》属于动作片。请对《阿凡达》进行分类"。

5. 分解复杂任务

对于复杂任务，用户可以采用多轮提问的方法，使用多个简单的提示词逐步提问。例如，用户要撰写一份关于年终促销的直播营销方案，可以先设置提示词"提供几个适合年终促销的直播营销标题"，然后进一步设置提示词"根据【选定的标题】撰写直播营销方案。"

6. 套用提示词要素模板

一个结构完整的提示词应包括背景、目的、风格、语气、受众、输出6个要素，这些要素包含了提示词中影响人工智能工具输出内容有效性和相关性的各个因素，有助于人工智能工具输出高质量的内容。用户可以按照图2-24所示的提示词要素模板来设计提示词。

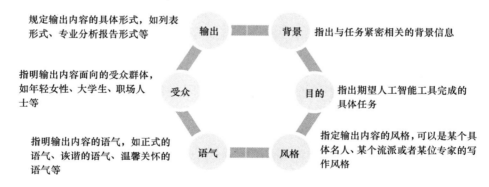

图2-24   提示词要素模板

下面是套用提示词要素模板设计的一个提示词示例。

#背景#

我想为一款拇指玉米做广告，这款拇指玉米是西双版纳傣族的特色产品，小巧玲珑，香糯可口。

#目的#

为我创建一个小红书图文笔记（限制：500字），旨在让人们有兴趣点击产品链接并购买。

#风格#

遵循小红书平台热门产品宣传类图文笔记的写作风格。

#语气#

有说服力，符合小红书平台特性。

\#受众\#

以家有幼儿、儿童的人群为主要受众，能吸引喜欢做辅食的家长的关注。

\#输出\#

小红书文章格式，充满多样化的元素，内容简洁但充实。

7. 使用人工智能工具提供的提示词参考

有些人工智能工具为用户提供了一些提示词参考，例如文心一言的"百宝箱"，在文心一言首页左侧单击"百宝箱"按钮，如图2-25所示。

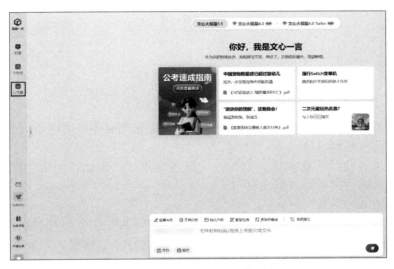

图2-25 单击"百宝箱"按钮

弹出"一言百宝箱"页面，如图2-26所示，"一言百宝箱"页面中列举了在一些常见的场景中处理某些任务会使用到的提示词，用户可以从中选择合适的提示词并直接使用。用户选定某个提示词后，也可以对提示词进行适当的修改，使提示词更符合现实需求。

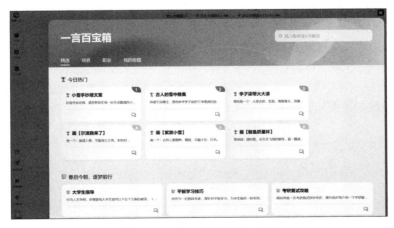

图2-26 "一言百宝箱"页面

又如，在通义千问对话页面下方单击"指令中心"按钮，页面右侧会弹出指令中心，用户可以从中选择合适的指令并使用，如图2-27所示。

图2-27 通义千问指令中心

此外，为了提高提示词的有效性，用户在设置提示词时还需要注意以下事项。

（1）提示词内容要具体

提示词的内容应尽可能具体，避免过于笼统或模糊。例如，使用"撰写一篇关于西湖美景的旅游攻略"而非"写篇文章"。

（2）检查词语多义性

注意提示词中的词语是否有多种含义。例如，"bank"这个词有"银行"和"河岸"的意思。如果要求人工智能工具生成与金融相关的内容，要确保人工智能工具能够将其理解为"银行"，用户可以通过提供更多上下文来使人工智能工具明确词语的含义，如"请写一篇关于银行（bank）贷款业务的文章"。

（3）考虑多种可能的结果

有时人工智能工具可能会提供与用户预期不完全相同但仍然合理的结果。例如，用户要求人工智能工具撰写一个产品营销文案，可能会得到不同风格（情感驱动型、功能介绍型等）的文案。用户在设置提示词时可以提前考虑到这种情况，将提示词设置为"请撰写一个产品营销文案，如果你觉得产品的功能很有卖点，可以重点介绍功能；如果情感关联度高，也可以从情感角度入手"。

（4）预留修改空间

用户可以在提示词中加入一些与修改相关的指令，例如"如果生成的内容不符合要求，我会要求你进行修改，希望你能够根据我的反馈及时调整"，这样可以为后续的完善工作提供便利。

课后习题

1. 简述数据、算力、算法分别对人工智能技术的发展有什么影响。
2. 人工智能涉及的数据有哪些？请举例说明。
3. 开发者可以通过哪些方式来采集人工智能所需的数据？
4. 简要说明人工智能算力的构成。

5．简述机器学习的原理。

6．简述机器学习的类型，并各举一个实际应用的例子。

7．简述人工智能大模型的开发过程。

8．简述设计人工智能工具提示词的技巧。

课后实践：体验人工智能工具

1．实践目标

通过亲身操作与体验，直观地感受人工智能在文本生成、知识问答等方面的能力，掌握至少一种主流的人工智能工具的使用方法，能够进行文本生成、对话交互等实践操作，并积极探索人工智能工具在不同场景下应用的可能性，激发创新思维。

2．实践内容

（1）文本生成

使用人工智能工具按照要求生成连贯、有逻辑的文本。文本生成要求示例如下。

① 撰写一篇介绍剪纸艺术的公众号文章。

② 撰写一篇关于新疆的、时长为5天的旅游攻略。

③ 创作一篇好物分享小红书笔记。

（2）问答对话

设计一系列问题，通过人工智能工具获得答案，评估人工智能工具给出的答案的准确性、流畅性和相关性。问题示例如下。

① 皮影戏的原理是什么？

② 二十四节气是如何产生的？

③ 中国古代是如何防火的？

3．实践步骤

（1）理论回顾与工具选择

理论回顾：复习人工智能工具提示词的设计技巧。

工具选择：了解当前市场上主流的人工智能工具，如文心一言、文心一格、豆包、天工AI等，根据个人兴趣和需求选择合适的人工智能工具。

（2）熟悉工具的基础操作

登录选定的人工智能工具平台，熟悉操作页面、功能菜单及帮助文档。通过平台提供的教程或示例项目，进行基础操作练习。

（3）执行实践任务

设计合理的提示词，进行文本生成、问答对话等实践操作，记录并分析结果。

（4）总结与思考

撰写实践报告，总结整个实践过程的学习收获、遇到的技术挑战和解决方案、对人工智能工具的评价（包括优点和不足），以及对人工智能技术的新认识。

学生思考在使用人工智能工具的过程中遇到的问题和启示。

教师收集学生反馈，评估实践效果，并提出改进建议。

第 3 章

人工智能的研究领域

学习目标

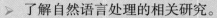

> 了解自然语言处理的相关研究。
> 了解计算机视觉的相关研究。
> 了解智能语音处理的相关研究。
> 了解多模态融合的方法和应用。
> 了解智能机器人的基本构成和关键技术。

本章概述

人工智能的研究领域涵盖了多个核心方向，每个方向都侧重于应对特定的挑战，赋予机器特定的能力，使机器能够感知、理解、推理和决策，致力于让机器具备类似人类甚至超越人类的智能。这些研究领域推动了不同类型人工智能技术的发展，使机器不仅能与人类进行自然互动，还能在复杂的环境中自主学习和适应变化。本章主要介绍了人工智能的研究领域，包括自然语言处理、计算机视觉、智能语音处理、多模态融合和智能机器人等。

本章关键词

语言　图像　语音　多模态融合
智能机器人

知识导图

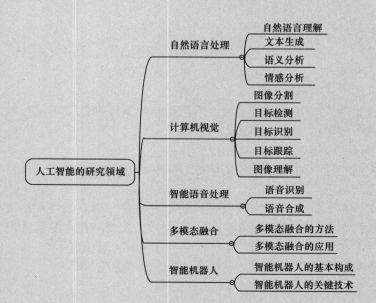

3.1　自然语言处理

自然语言通常指的是人类语言，是人类思维的载体和交流的基本工具，更是人类智能发展的外在体现形式之一。自然语言处理主要研究用计算机理解和生成自然语言的各种理论和方法，属于人工智能领域的一个重要分支。

3.1.1　自然语言理解

自然语言理解（Natural Language Understanding，NLU）研究如何让计算机理解自然语言，并能够执行人类所期望的某些语言功能，包括理解并回答人们用自然语言提出的有关问题，生成文本摘要和对文本进行释义，把一种自然语言表示的信息自动地翻译为另一种自然语言等，如图 3-1 所示。自然语言理解是自然语言处理的核心，分为 4 个层次，即词汇理解、句法分析、语义理解与语用理解。

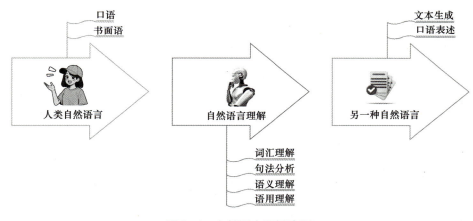

图 3-1　自然语言理解流程

1. 词汇理解

对于自然语言理解，首先要识别文本中的词汇单元。识别词汇单元主要包括分词、词性标注等。

（1）分词

分词就是将由一串连续的字符构成的句子分割成词语序列，例如，"他喜欢研究人工智能"分词后的结果为"他｜喜欢｜研究｜人工智能"。分词通常使用基于规则、统计的方法。

基于规则的分词方法是按照预先定义的规则，将待分词的句子与一个"充分大的"机器词典中的词条进行匹配。如果在词典中找到了某个字或词语，则表示匹配成功。

统计分词方法则是利用词语共同出现的概率来分词，例如，在大规模语料库中，"研究"和"人工智能"一起出现的概率较高，所以会被划分为两个词。

（2）词性标注

词性是词语在句子中扮演的语法角色，也被称为词类（Parts-Of-Speech，POS）。例如，表示抽象或具体事物名字（如计算机）的词被归为名词，而表示动作（如跳、打、写）、状态（如存在、流动）的词被归为动词。词性标注是指标出句子中每个词相应的词性。例如，为句子"我喜欢画画"进行词性标注，"我"是代词；"喜欢"是动词；"画画"在这里是动宾短语，第一个"画"是动词，第二个"画"是名词。

词性标注的难点在于歧义性，即一个词在不同的上下文中可能有不同的词性。如上例中的"画"，既可以表示动词，也可以表示名词，因此需要结合上下文确定词在句子中的具体词性。

2. 句法分析

句法分析的主要目标是给定一个句子，分析句子的句法成分信息，如主语、谓语、宾语、定语、状语、补语等，最终的目标是将句子转换成树状结构，从而更准确地理解句子的含义，并辅助下游自然语言处理任务。

例如，"我看见他很高兴"，一种解读是"我看见他，我很高兴"，"我"是主语，"看见"是谓语，"他"是宾语，"很高兴"补充说明"我"的状态；另一种解读是"我看见他（他自己）很高兴（的样子）"，"我"是主语，"看见"是谓语，"他很高兴"整体作为宾语。分析句子的结构可以让人更准确地推导其正确的语义。

3. 语义理解

在句法分析的基础上，计算机可以采用语义角色标注（Semantic Role Labeling，SRL）的方法进行语义理解。利用语义角色标注确定句子中各个成分的语义角色，如施事者、受事者、工具、时间、地点等。例如，在句子"萌萌小朋友用水彩笔在纸上画了一幅画"中，"萌萌"是施事者（执行动作的主体），"水彩笔"是工具，"纸"是地点（动作发生的位置），"一幅画"是受事者（动作的对象）。

通过语义角色标注，计算机可以更好地理解事件的核心要素和它们之间的关系。这通常需要结合句法结构和词性，利用有监督的机器学习算法或深度学习算法来进行标注。

4. 语用理解

语用理解关注的是语言在特定语境中使用所传达的实际意义，包括说话者的意图、话语的隐含信息、语言行为的功能等诸多方面。

在理解语言时，有时需要考虑说话者的意图，例如，"小李：能把空调关了吗？""小张：我有些热。"小李的语言行为是请求，自己感觉有些冷，想让对方把空调关了，但小张拒绝了他的请求，因为自己感觉热。语用理解需要结合上下文、语气、社会文化背景等因素，可以通过分析句子的语气（如疑问、祈使、陈述）、词汇选择（如礼貌用语、命令用语）等来推断说话者的意图。

3.1.2　文本生成

文本生成是指利用计算机模型根据给定的输入信息自动生成自然语言文本的过程。作为自然语言处理的一个重要分支，文本生成技术被广泛应用于各大领域，包括机器翻译、新闻生成、报告生成等，这些应用可以极大地提高企业的工作效率、降低用人成本，同时改善客户体验。

大部分文本生成任务可以建模为条件式生成（Conditional Generation）问题，这里的条件与具体任务相关，可以是源语言文本（机器翻译）、文档（文本摘要）或主题（可控文本生成）等。例如，用户向 AI 输入一段源语言文本，要求 AI 将文本翻译成其他语种：
"以下是一首唐诗《静夜思》的内容：床前明月光，疑是地上霜。举头望明月，低头思故
乡。请将这首诗翻译为英文，要求英文诗句也较为优美。"这类任务不仅要求编码器对作
为条件的输入有较好的表示能力，同时也需要较强大的解码器生成目标文本。

输入信息可以是各种形式，如关键词、主题、语义框架等，例如，如果想根据关键
词生成小说片段，可以给定"科幻小说""星际旅行""勇敢的主角"等关键词，文本生
成模型就会生成包含这些元素的科幻小说片段，如图 3-2 所示。

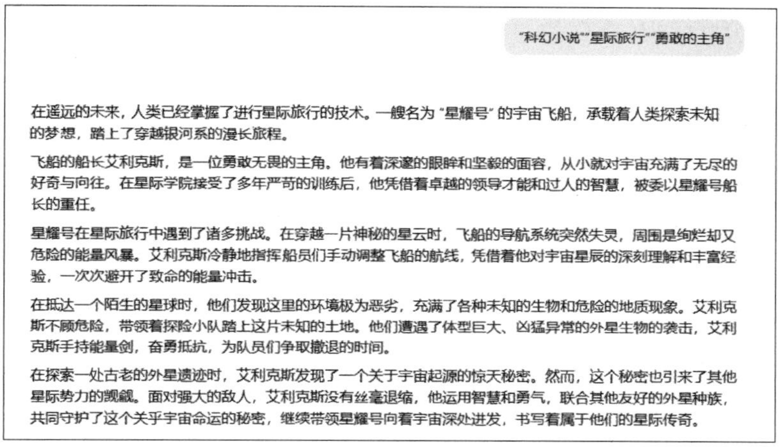

图 3-2　文本生成模型生成的科幻小说片段

1. 自然语言文本特征

自然语言文本包含多种语言文本，下面以中文文本为例介绍其特征。中文文本是字、
词组等多种元素的综合表示。如何将语言文本转换为结构化的、能够被计算机理解和处
理的特征是人工智能研究的重点。从文本"原材料"中，研究者首先要获得文本数据中
的语言学特征，如词性、前后词搭配、短语组合等。研究自然语言文本特征，可以从通
用语言文本和行业语言文本入手，分别探讨它们的文本特征。

（1）通用语言文本特征

通用语言文本是指在日常生活、一般交流场景，以及广泛的知识传播等情境中使用
的自然语言文本。它涵盖了人们日常交流的对话、社交媒体上的帖子、新闻资讯、小说、
科普文章等多种形式，其在人工智能领域的应用包括人工智能聊天机器人、智能客服等。

研究者在研究通用语言文本特征时，需要考虑文本的内容和结构，如词、字符串、
成对文本、上下文、词间关系等。通用语言文本特征主要包括以下几类（见图 3-3）。

图 3-3　通用语言文本特征

① 直观特征。从文本字面上看，文本主要由字、词、句、段落、篇章构成。直观特征就是将文本用"词袋"（一种在自然语言处理和信息检索中常用的简化模型）表示，即假设一个文本可以忽略其词序和语法，仅将其视为词的集合，如同把文本中的所有词装入一个袋子里一样。在这个前提下，当统计每个词的出现次数时，文本呈现出独立于上下文的字符组成、字符数量等特征。

② 推断特征。自然语言文本还有基于语法规则的各类结构特征，包括分词边界标注（将连续的文本切分成一个个独立的词或词组，并标记出每个词的边界）、词性标签和部分语义信息等。这些语言学特征不容易从文本字面上看出来，需要进行推断计算，称之为推断特征。

③ 分布特征。除了直观特征和推断特征外，通用语言文本特征还包括分布特征。分布特征假设通过上下文分布能够预测字词，考虑字词上下文联系，通过这种模式找到相似的词义聚类结果、相似的词向量、相似的句法结构。

④ 关联特征。除了从文本本身获得特征以外，还可以通过外源知识（即关联特征）来获得文本背景信息。各类语言知识库，如WordNet（关系、词性）、HowNet（概念体系）等，提供了知识三元组（实体Entity、关系Relation和属性Attribute）。以文本"长城"为例，仅从这个词本身，系统只能知道它是一个特定的名词，但借助HowNet的概念体系，系统可以了解到"长城"属于"历史古迹""旅游景点"等概念范畴，与"中国文化""古代建筑"等有着紧密的联系。

⑤ 多模特征。多模特征指的是在一个系统中同时利用多种信息模式来进行描述、分析或处理。这些模式可以是文本、图像、音频、视频等，也可以是其他形式。在文本生成中，系统通过结合图像、音频等模态的信息，提高文本处理的准确性和效率。例如，系统通过分析中文字形图片中汉字的图形信息来提取和理解文字的语义内容，从而增强对文字语义的表达能力。

（2）行业语言文本特征

行业语言文本是指在特定行业或专业领域中使用的自然语言文本，包括医学领域的病历、科研论文；法律领域的法律条文、诉讼文书；金融领域的财务分析报表、行业研究报告等。这些文本是行业知识传播、业务操作及专业研究的重要载体。

行业语言文本主要有以下几个特征。

① 文本撰写格式固定，行文表达灵活。以专利文献为例，专利文献的标题和摘要通常比较清楚，例如，标题会写明主要发明点，而摘要则会简要介绍技术背景、技术问题、解决方案、有益效果等。另外，专利文献的说明书部分涵盖了技术领域、技术背景、发明方案、具体实施方式、附图等内容，专利文献每个部分的句法格式是固定的，但具体文本内容则可灵活撰写，只要符合规范即可。

② 文本语法和语义特征复杂。很多情况下，专业文本通篇可能是领域术语的堆砌，句法逻辑错综复杂。行业命名实体（命名实体就是人名、机构名、地名以及其他所有以名称为标识的实体。更广泛的实体还包括数字、日期、货币、地址等）在上下文中可能有不同称谓，实体消歧比较困难。此外，实体关系虽然通常在权利要求和具体实施方案中有所体现，但往往存在关系隐含、模糊等问题。因此，专业文本的标注非常困难，无法像通用文本那样形成大规模的训练数据集。

③ 文本跨语言分析困难。由于不同国家同一行业的发展水平参差不齐，使用不同语言

撰写的行业文本之间存在语言隔阂、行文差异、语义分歧大等问题。此外，行业新词和术语繁多，很多未登录词缺乏内容说明和解释，再加上使用不同语言撰写的行业文本的特征和语法存在很大的差异，一种语言的行业文本模型通常无法直接迁移到其他语言上。

④ 行业文本技术性强，与其他类型的文本融合时，涉及自然语言形态学、语法学、语义学和语用学等几个层次的考虑，需要摸索规律。

2. 文本生成的方法

自然语言文本生成的方法主要有以下几种。

（1）基于规则的文本生成方法

这种方法基于预先定义的规则和模板来生成文本。这些规则和模板通常是由语言学家或领域专家人工编写的，涵盖语法规则、词汇搭配、句式结构等方面。例如，在生成体育赛事报道模板时，可能会有这样的规则："比赛项目+比赛时间+比赛地点+参赛方+比赛结果"，有体育赛事时，就可以按照这样的模板生成报道文本，如"北京少儿跆拳道比赛于2024年10月18日在北京工人体育馆举行，由6～12岁跆拳道爱好者参加，最后决出各个项目的冠、亚、季军。"

这种文本生成方法适用于一些格式比较固定、内容相对简单的文本生成任务，如新闻报道、法律文书、产品说明书、天气预报等。

（2）统计机器学习文本生成方法

统计机器学习文本生成方法主要有n-gram模型和隐马尔可夫模型。

① n-gram模型。n-gram模型即n元组表示法，是一种基于统计的语言模型算法。其基本思想是将一个长文档的内容按照大小为n的窗口进行截取，形成长度为n的词序列。每一个词序列可被称为一个gram。不同的gram代表特征向量中不同的维度，所有的gram组成整个长文档的特征空间。换句话说，n-gram是通过将文本拆分成长度为n的词序列来建立概率模型，通过计算每个gram出现的频率，来预测下一个词或句子的概率，如图3-4所示。n-gram模型广泛应用于文本分类、机器翻译、语音识别、信息检索等自然语言处理领域。

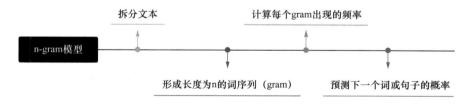

图3-4　n-gram模型的运作流程

n-gram模型常用于评估词序列是否合理。例如，句子"它是智能机器人"，那么依据一元（unigram）统计语言模型，则gram为"它、是、智、能、机、器、人"，特征维度为7。如果依据二元（bigram）统计语言模型，gram为"它是、是智、智能、能机、机器、器人"，其特征维度为6。不同的gram组成特征向量中的不同特征维度。

n-gram模型采用极大似然估计法（一种用于估计统计模型参数的方法，找到一组参数值，使给定观测数据出现的概率，即似然函数，达到最大），该模型有数学理论作为支撑，且参数易训练，同时，gram包含前n-1个词的全部信息，增加了前后文信息，考虑了文本字词之间的顺序问题，能够对语义进行很好的表示。由于n-gram模型的可解释性强，直观易理解，其被广泛使用。

② 隐马尔可夫模型。隐马尔可夫模型（Hidden Markov Model，HMM）是一种关于时序的概率模型，它假设文本的生成过程是一个马尔可夫过程（一种随机过程）。文本有隐藏状态（通常是词性等）和观察状态（单词本身）。系统通过计算隐藏状态之间的转移概率和隐藏状态生成观察状态的概率来进行文本生成。

例如，在一个简单的句子生成中，隐藏状态可能是名词、动词、形容词等词性，观察状态是具体的单词。系统能够通过计算词性之间的转移概率（如名词后接动词的概率）和词性生成具体单词的概率来生成句子，如图3-5所示。在语音识别中，系统会先将语音信号转换为隐藏状态序列（如词性序列），然后利用HMM生成对应的文本。

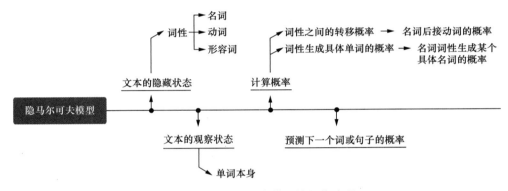

图3-5　隐马尔可夫模型的运作流程

（3）基于深度学习的文本生成方法

深度学习依托多层次神经网络模型模拟人类大脑的学习机制，具备从大规模数据中提取、学习并深度理解特征的能力，为文本生成这一复杂任务提供了高效的解决方案。基于深度学习的文本生成方法核心技术手段如下。

① 词嵌入（Word Embedding）。词嵌入是一种将单词映射到低维向量空间的技术。在这个向量空间中，单词之间的语义和语法关系可以通过向量的运算来表示。例如，"国王"和"王后"这两个词在语义上有相似性，在词嵌入空间中，它们的向量距离会比较近；同样，"跑"和"跳"在语法上都属于动词范畴，其向量也会呈现出一定的关联。

② 循环神经网络（Recurrent Neural Network，RNN）及其变体。RNN能够处理序列数据，它在每个时间步（表示序列数据中时间关系的单位）接收输入并更新隐藏状态，隐藏状态包含了之前序列的信息。例如，在生成诗歌时，RNN可以根据前面生成的诗句来调整下一个诗句的生成。长短期记忆网络（Long Short-Term Memory，LSTM）和门控循环单元（Gate Recurrent Unit，GRU）是RNN的变体，它们解决了RNN中的梯度消失和梯度爆炸问题，能够更好地处理长序列文本生成。RNN及其变体在文本生成的许多领域都有广泛的应用，如诗歌创作、故事生成、机器翻译等。

③ Transformer架构。Transformer架构主要由多头注意力机制（Multi-Head Attention）和前馈神经网络（Feedforward Neural Network，FNN）组成。

在文本生成中，多头注意力机制可以同时关注输入序列的不同部分，捕捉长距离的语义关系。例如，在生成关于城市发展历程的总结性段落时，模型能够凭借多头注意力机制捕捉到从城市起源的地理选址因素，到中间各个历史时期的发展变革，再到现代城市多元功能融合的这一长距离语义关系，从而使生成的文本表述如"城市自古老的选址发端，历经岁月中各阶段的发展与变革，至现代已演变成集多种功能于一体的综合性聚居区域"般既逻辑清晰又语义连贯，准确地呈现出城市变迁的完整脉络。

前馈神经网络负责接收多头注意力机制处理后的信息，并对这些信息进行进一步的特征提取，这个过程类似于对原始文本信息进行提炼和浓缩。以新闻文本生成为例，多头注意力机制收集了新闻事件的各种细节信息后，前馈神经网络将这些信息提炼为新闻的关键要素，如事件的主题、重要观点等，为后续生成简洁明了的新闻报道做准备。

3.1.3　语义分析

语义分析（Semantic Analysis）是自然语言处理中的核心技术，旨在让机器理解文本中的深层含义。通过对词汇、短语和句子的语义关系进行分析，机器可以在更高层次上"理解"文本的含义，而不仅仅停留在字面意义的识别。语义分析的目标是让机器能区分不同语言现象之间的微妙差异。语义分析支持信息检索、自动摘要、机器翻译等应用，它的核心包括词义消歧、词向量表示和基于深度学习的语义分析等技术。

1. 词义消歧

词义消歧（Word Sense Disambiguation，WSD）是指计算机通过上下文分析确定多义词在句子中的具体含义。例如，"苹果"一词既可以指水果，也可以指苹果公司。通过分析周围的词语、句子结构和语义关系等上下文信息，计算机可以选择合适的词义。例如，"我买了一个苹果"中的"苹果"指水果，而"苹果发布了新手机"中的"苹果"指苹果公司。

此外，词汇之间还会存在多种语义关系。例如，"美丽"和"漂亮"意思相近，这是同义关系；"大"和"小"互为反义，这是反义关系；"水果"是"苹果"的上位词，"苹果"则是"水果"的下位词，这是上下位关系。计算机可以通过特定的算法和模型，计算这些语义关系，以便更好地理解文本的语义结构。例如，在文本生成任务中，计算机可以依据词汇的语义关系，选择合适的同义词来替换原文中的词汇，从而使生成的文本表达更加丰富多样。

2. 词向量表示

词向量（Word Vector）是词嵌入的结果，即每个词语在实数向量空间中的表示。通过词向量表示，系统可以在向量空间中找到语义相近的词语（见图3-6），进而展开"联想"，进行语义分析。常见的词向量方法有Word2Vec、GloVe、FastText等，这些模型能够捕捉词语的语义关系，并广泛应用于下游任务中。

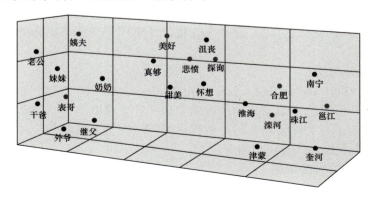

图3-6　词向量表示示意图

3. 基于深度学习的语义分析

随着深度学习的发展，基于神经网络的模型（如BERT、GPT、RoBERTa等）在语义分析上表现十分出色。通过大量数据的预训练，这些模型可以捕捉到语言的深层语义关系，并能以高准确率完成命名实体识别、情感分类等任务。这类模型能够通过上下文更好地理解多义词、复杂句结构等，使机器获得接近人类的语言理解能力。

4. 知识图谱辅助的语义分析

知识图谱将语义分析与结构化知识库结合起来，使机器能够利用已有的知识分析文本的深层含义。例如，知识图谱可以帮助系统识别文本中不同实体的关系和属性，如"阿里巴巴"与"蚂蚁金融"之间的关系。这种技术在智能问答、语义搜索等任务中尤为有效，通过结合知识图谱的推理能力，机器可以进行更加精确的语义理解。

3.1.4　情感分析

情感分析（Sentiment Analysis）旨在通过分析文本的情感倾向，判断文本是表达正面、负面还是中性的态度。情感分析主要应用于客户反馈、舆情监控等领域，用于分析用户情绪、市场趋势等。情感分析涉及机器对情感词汇、情绪强度等多方面的理解。

机器情感分析的具体内容如下。

1. 情感词典的构建

情感词典是机器进行情感分析的重要工具，词典中包含了情感词汇及其对应的情感极性和强度。例如，"好""优秀"等词一般标记为正面情感，而"差劲""糟糕"等词则标记为负面情感。通过查询情感词典，机器可以快速识别文本中的情感词汇及其倾向。

2. 基于特征的情感分析

在机器的情感分析中，基于特征的方法主要是通过提取文本特征来判断情感倾向。常见特征包括情感词、情感短语、语气标记等。借助机器学习方法（如朴素贝叶斯、支持向量机等），机器能够学习大量标注数据中的情感特征，并通过这些特征对文本的情感极性进行分类。

3. 基于深度学习的情感分析

近年来，基于深度学习的情感分析方法逐渐流行，尤其是RNN和注意力机制等在情感分析中表现出色。BERT（一种基于Transformer架构的预训练语言模型）等预训练语言模型能够捕捉文本的复杂情感特征。这类模型不仅可以识别简单的情感词汇，还能理解句子结构和上下文对情感的影响。这种方法被广泛应用于情感分类和文本细粒度情感分析中。

4. 细粒度情感分析

细粒度情感分析（Aspect Based Sentiment Analysis，ABSA）能够识别文本中的不同情感层次。例如，分析评论中的情感强烈程度（如"非常喜欢"与"喜欢"），针对不同对象的情感表达（如"对手机满意，但对相机不满"）。细粒度情感分析可以生成更细致的分析报告，帮助企业深入了解用户需求。

5. 情感分析中的情绪识别

情绪识别（Emotion Recognition）是情感分析的扩展，用于识别文本中的具体情绪，如"愤怒""高兴""悲伤"等。情绪识别相比情感分析更加细致，在人机交互、心理健康监测等领域有着重要的应用。例如，机器通过分析社交媒体上的情绪表达，监测大众情绪趋势。

6. 情感与语境的结合

在实际应用中，人工智能的情感分析往往受到上下文的影响。例如，讽刺、反语等语言现象会影响情感分析的准确性。通过上下文分析，情感分析系统可以更好地识别讽刺、双关等复杂的情感表达。例如，在句子"这真是一次精彩的失败"中，"精彩"通常表示正面情感，但在此句中具有讽刺意味，结合上下文分析有助于提升情感分析的准确性。

3.2 计算机视觉

计算机视觉（Computer Vision）是人工智能领域的一项重要研究分支，旨在使机器具备"看"的能力，通过自动分析和理解图像或视频数据，完成特定任务。计算机视觉技术涉及图像获取、图像处理、特征提取、模式识别和深度学习等多个学科知识。随着深度学习和神经网络的广泛应用，计算机视觉技术不断发展，逐渐应用到身份识别、自动驾驶、医疗诊断、工业检测等领域，为人们的生产和生活带来了巨大的变革。

3.2.1 图像分割

图像分割（Image Segmentation）是指将图像分成若干个特定的、具有独特性质的区域，并提出感兴趣目标的技术和过程。图像分割是计算机视觉的核心任务之一，也是很多复杂视觉应用的前置步骤。

图像分割技术的3个关键技术如下。

1. 语义分割

语义分割（Semantic Segmentation）是将图像中的每个像素归类到特定的类别（如将道路、行人、汽车等在图像中标记出来），使每个像素都有语义标签的过程。语义分割被广泛应用于自动驾驶等领域，通过识别行驶道路和障碍物的类型，帮助车辆做出正确的决策。

2. 实例分割

实例分割（Instance Segmentation）是对图像中每个物体实例进行分割的过程，即不仅标记物体的类别，还要区分同一类别中不同的个体。例如，在一张图像中标记出每只狗，并区分不同的个体。实例分割在场景理解和物体检测中应用广泛。

3. 全景分割

全景分割（Panoptic Segmentation）结合了语义分割和实例分割的优点，即同时对图像中的"物体"和"背景"进行识别与分割，如图3-7所示。全景分割技术被广泛应用于复杂场景理解，使系统可以全面感知环境中的各个对象。

图3-7　全景分割示意图（左为"输入"图，右为"输出"图）

3.2.2　目标检测

目标检测（Object Detection）旨在识别图像或视频中的目标物体，并标注其位置。目标检测不仅要识别出物体的类别，还要框出物体的边界位置。它也是计算机视觉的一项关键技术，被广泛应用于安防监控、智能驾驶、行为识别等领域。

1. 基于深度学习的目标检测

卷积神经网络（Convolutional Neural Network，CNN），是一种专门为处理具有网格结构数据（如图像、音频）而设计的深度学习模型。随着深度学习技术的发展，其在目标检测应用中获得了巨大的成功。基于CNN的常见目标检测算法主要包括以下内容。

（1）R-CNN系列

基于区域的卷积神经网络（Region-based Convolutional Neural Network，R-CNN）是R-CNN系列算法的开山之作，其运作机制基于一种分阶段的处理流程，如图3-8所示。它首先通过候选区域生成环节来初步确定物体可能所处的位置。例如，在一幅描绘城市街道景象的图像里，为了检测出其中的行人与车辆，R-CNN会依据图像的纹理、颜色、对比度等多种视觉特征，运用选择性搜索（Selective Search）等算法生成一系列可能包含行人或车辆的候选区域。

图3-8　R-CNN运作机制

在R-CNN系列网络中，CNN充当了特征提取器的角色。在生成候选区域后，R-CNN会将每一个生成的候选区域逐一输入到CNN之中，由CNN执行后续的分类与定位任务。CNN依据其强大的卷积层与池化层结构，可以对输入区域内的图像特征进行深度提取与分析，进而判断该区域中实际存在的物体类别，并精确计算出物体在图像中的准确位置信息，包括其边界框的坐标等。

例如，在一幅包含多种动物的自然场景图像中，R-CNN所生成的候选区域被输入CNN后，CNN能够精准地判定哪一区域内是老虎，并确定老虎在图像中的具体位置范围，其边界框能够紧密贴合老虎的轮廓。

R-CNN后续衍生出了Fast R-CNN和效率更为卓越的Faster R-CNN。Fast R-CNN针对R-CNN在计算资源利用与处理速度方面的不足进行了优化改进，它引入了感兴趣区域池化（Region of Interest Pooling）层，使其在处理候选区域时能够更高效地共享卷积计算结果，从而显著减少了计算量，提升了整体的检测速度。而Faster R-CNN则进一步在候选区域生成环节进行了创新，采用区域建议网络（Region Proposal Network，RPN）替代了传统的选择性搜索算法。区域建议网络能够与CNN共享卷积层，通过在特征图上滑动窗口的方式生成候选区域，极大地提高了候选区域生成的效率与准确性，使系统的检测速度得到更为显著的提升。

R-CNN系列算法在检测准确度方面具有突出的表现，所以在诸多对检测精度有着严苛要求的场景中得到广泛应用。例如，在无人售货柜场景中，为了确保商品识别的准确性及计费的精准性，机器需要精确地识别出顾客所选取商品的种类与位置信息，R-CNN系列算法能够有效地应对这一挑战。

在图像分类任务领域，当需要对图像中的物体进行精细分类，如准确区分不同品种的花卉、各类交通工具或不同姿态的人物时，R-CNN系列算法能够凭借其高精度的检测能力，为图像分类提供可靠且精确的结果。

（2）YOLO系列

YOLO，即You Only Look Once（你只需要看一次）算法，其核心创新点在于能够在单次网络推理过程中完成整个目标检测流程。随着YOLO算法研究的深入，其发展出了多个后续版本（如YOLOv3、YOLOv4、YOLOv5等）。YOLO算法在检测速度方面具有显著优势，所以可应用于对实时性要求较高的领域。

例如，在自动驾驶场景中，车辆所配备的摄像头持续不断地采集周围环境的图像数据，YOLO算法能够以极快的速度对每一帧图像进行处理，迅速且精准地检测出前方道路上的行人、各类车辆、交通标志及交通信号灯等目标物体，并同步确定它们在图像中的位置与状态信息。基于这些检测结果，自动驾驶系统能够及时且准确地做出诸如减速、避让、转弯等驾驶决策，从而保障车辆行驶的安全性与流畅性。

在无人机监控领域，当无人机在空中执行监控任务时，其搭载的摄像设备会拍摄大量的地面图像。YOLO算法在此场景下能够实时地对这些图像进行处理，快速检测出地面上的各种目标物体，包括建筑物、人群聚集区域、行驶中的车辆，以及其他特定的监控对象等。这使监控人员能够在第一时间获取到关键信息，并依据这些信息做出相应的决策，如指挥救援行动、监控交通状况或追踪特定目标等。

（3）SSD系列

单发多盒检测器（Single Shot MultiBox Detector，SSD）采用了一种独特的基于卷积特征金字塔的检测架构，该架构可被视作构建了一个多层次的特征金字塔体系，其中每一层特征图都能针对不同尺寸的物体进行位置预测。

例如，在一幅城市街景图像中，对于那些占据较大画面比例的大型建筑物，以及位于街边角落、尺寸相对较小的垃圾桶等物体，SSD算法都能够充分利用其卷积特征金字塔的不同层次特征。高层特征图由于具有较大的感受野，能够较好地捕捉到大型建筑物的整体轮廓与位置信息；而低层特征图则凭借其更高的分辨率，能够精准地定位小型垃圾桶的位置与形状细节，从而实现对不同尺寸物体的同时检测与准确定位。

在基于生物特征的身份识别应用场景中，以人脸识别门禁系统为例，SSD算法能够在图像中快速且准确地检测出人脸区域的位置信息，其通过卷积特征金字塔的多层次特征提取与分析，既能迅速确定人脸在图像中的大致位置，又能在后续处理过程中依据不同层次特征对人脸的五官细节、轮廓形状等关键信息进行精细分析，从而确保身份识别的准确性。

SSD算法在检测速度与精度之间达成了一种较为理想的平衡状态，因此在那些对检测速度和精度均存在一定要求的场景中展现出了良好的适用性与实用性。例如，在智能安防监控系统中的物体检测任务、工业生产线上的产品质量检测任务，以及一些对实时性和准确性有双重要求的图像分析与处理任务等方面，SSD算法均有着广泛的应用前景。

2. 多目标检测

多目标检测（Multi-Object Detection）是指在图像或视频中同时检测多个物体的检测技术。例如，在城市交通监控中识别多个行人、车辆。虽然多目标检测技术面临着遮挡、视角变化等挑战，但其可以借助非极大值抑制（Non-Maximum Suppression, NMS）和多尺度特征融合等技术，提升多目标检测的精度和稳定性。

3.2.3　目标识别

目标识别（Object Recognition）是在目标检测的基础上，进一步识别出物体的具体类别的过程。例如，识别一张图片中的人物为某位特定人物，或者在物品分类中区分不同种类的动物或植物。目前，目标识别被广泛应用于人脸识别、指纹识别和商品识别等领域。

1. 人脸识别

计算机在人脸识别任务中，首先会对输入的人脸图像进行预处理操作。它会对图像进行灰度化处理，以减少数据量并简化后续计算；接着进行图像的归一化操作，调整人脸图像的大小、角度和位置等，确保不同图像中的人脸处于相对统一的标准状态。之后，计算机会利用先进的特征提取算法来获取人脸的关键特征。例如，通过深度卷积神经网络，计算机能够学习到人脸的五官分布、面部轮廓的独特形状以及眼睛、嘴巴等部位的细微纹理特征等。这些特征被转化为特定的特征向量，用于代表该人脸。

在特征匹配阶段，计算机将待识别的人脸特征向量与数据库中存储的已知人脸特征向量进行比对。例如，在安防监控系统中，计算机逐一比对实时监控画面中的人脸特征与系统中登记的人员特征，一旦找到匹配度较高的特征向量，便能确定该人员的身份信息，从而实现门禁控制、人员追踪等功能。在社交平台的照片识别应用中，计算机依据这些步骤快速识别出照片中的人物身份，可以为用户提供便捷的标记和搜索服务。

2. 指纹识别

计算机在指纹识别过程中，先通过指纹采集设备获取指纹图像，然后对图像进行预处理。它会增强指纹图像的对比度，突出指纹的纹路特征，同时去除图像中的噪声干扰，使指纹纹路更加清晰可辨。接着，计算机会提取指纹的特征点，如脊线、谷线的端点和分叉点等关键信息，并将这些特征点转化为特定的特征模板。

在识别时，计算机会把待识别指纹的特征模板与数据库中的已有指纹模板进行匹配。例如，智能手机中的指纹识别系统在用户将手指放置在传感器上时，会迅速完成上述步骤，若匹配成功，则解锁手机屏幕，为用户提供便捷的安全访问方式。在门禁系统中，计算机能对试图进入的人员进行指纹识别，只有与授权指纹匹配时才允许通行，进而保障场所的安全；在金融支付领域，计算机会在支付验证环节快速比对指纹信息，确保交易的安全性和准确性，防止非法盗用身份进行支付操作。

3. 商品识别

计算机在进行商品识别时，首先利用图像采集设备获取商品的图像信息，然后对图像进行处理和分析，提取商品的关键特征，包括商品的形状、颜色、包装图案及商品上的标识文字等。例如，在智能零售场景中，对于具有独特包装形状的饮料瓶，计算机会通过形状特征识别出其大致的类别；对于带有特定品牌标识和颜色组合的商品，计算机会依据颜色和图案特征进一步确定其具体品牌和型号。

计算机能够将提取的商品特征与商品数据库中的信息进行匹配。在自助结算系统中，计算机会通过商品识别确定消费者所选购的商品种类和数量，从而自动计算总价并完成结账流程；库存管理系统则借助商品识别技术实时监控库存商品的种类和数量，当库存水平低于设定阈值时，计算机会自动发出补货提醒，提高零售运营的效率，减少人工成本和盘点误差，同时也为消费者提供了更流畅、更便捷的购物体验。

3.2.4 目标跟踪

目标跟踪（Object Tracking）是指在视频序列中持续跟踪一个或多个目标的位置和运动轨迹的技术。目标跟踪在智能监控、自动驾驶和视频分析等场景中具有重要应用价值。目标跟踪算法分为多种类型，主要包括单目标跟踪、多目标跟踪和视觉-运动融合跟踪，如图3-9所示。

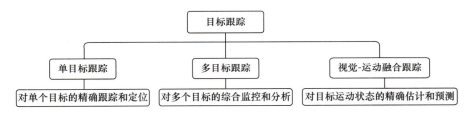

图3-9　目标跟踪的类型

1. 单目标跟踪

单目标跟踪是指在视频中对一个目标进行连续跟踪的过程。常见算法有KLT（Kanade-Lucas-Tomasi）算法和基于深度学习的Siamese网络。Siamese网络能够通过对比当前帧和目标的特征，快速确定目标位置，并可以应对视角变化、亮度变化等干扰。

2. 多目标跟踪

多目标跟踪是指在复杂场景中同时跟踪多个目标的过程。例如，在交通监控中跟踪多辆车和行人。多目标跟踪面临目标遮挡、相似目标识别等问题，常用算法有Deep SORT（Simple Online and Realtime Tracking）和FairMOT（Fair Multi-Object Tracking），这些算法通过关联目标轨迹实现多目标的持续跟踪。

3. 视觉-运动融合跟踪

在目标跟踪过程中，视觉信息和运动信息的融合能够增强跟踪的准确性。通过将图像信息与惯性传感器（其主要用于测量加速度、倾斜等运动指标）数据结合，机器人或无人机能够在复杂环境中准确跟踪目标，增强系统的鲁棒性（robustness的音译，指系统在异常和危险情况下生存的能力）和跟踪稳定性。

3.2.5 图像理解

图像理解（Image Understanding）是指对图像进行深层次的语义分析，使系统能够"理解"图像内容的含义。图像理解是完成高级计算机视觉任务的关键环节，如场景理解、图像描述生成、视觉问答等。

1. 场景理解

场景理解（Scene Understanding）是指人工智能系统分析图像或视频中包含的场景信息的过程，如城市街道、室内空间等。通过场景理解，系统可以识别出图像中的物体关系和空间布局。例如，自动驾驶系统通过识别道路、行人、信号灯等对象的关系，预测其他车辆的行为，从而优化驾驶策略。

2. 图像描述生成

图像描述生成（Image Captioning）是通过自然语言生成算法，为图像生成符合人类理解的描述文字。例如，对于一张描绘了"孩子在海边玩耍"情景的图像，系统可以理解并用语句描述："这幅画面的主体是一个小孩在海边玩耍"。图像描述生成在视觉和语言融合方面有重要应用，尤其在视觉辅助、智能搜索等领域，图像描述生成能够有效提升用户体验。

3. 视觉问答

视觉问答（Visual Question Answering，VQA）是一项基于图像的问答技术，使系统能够回答有关图像内容的问题。例如，对于一张"海滩上的狗"图片，系统可以回答"图片中有几只狗"或"狗在什么地方"等问题。视觉问答应用于智能客服、图片搜索、教育辅助等场景，能够使人工智能系统通过"理解"图像信息来辅助人类回答问题。

3.3　智能语音处理

智能语音处理是人工智能和自然语言处理领域的重要分支，其核心目标是使机器具备识别、理解、生成人类语音的能力，从而实现更自然的人机交互体验。这一领域的研究涵盖了语音识别、语音合成等技术。

3.3.1 语音识别

语音识别是以语音为研究对象，通过语音信号处理和模式识别等技术让机器自动识别和理解人类的语言内容。通俗地说，就是让机器能听懂人类说话。世界上第一个运用语音识别的产品是1920年销售的名为"雷克斯"（Radio Rex）的玩具，如图3-10所示。当有人喊出"REX"的时候，这只玩具狗就能从底座上弹出来。但它的原理并不是通过电子设备来接收和处理语音，而是弹簧在接收到500Hz的声音时会自动释放。

图3-10　"雷克斯"（Radio Rex）玩具

我国的语音识别研究始于1958年，由中国科学院声学所利用电子管电路识别出10个元音；1986年，语音识别作为智能计算机系统的重要组成部分而被列为专门的研究领域，我国的语音识别技术进入了一个新的发展阶段。近年来，借助机器学习领域中深度学习的发展以及大数据语料的不断积累，我国的语音识别技术取得突飞猛进的发展。

1. 语音识别的原理

人们在沟通过程中之所以能够听懂对方的讲话，是因为对语言进行过学习。小孩在初学说话时，大脑处于发育期，也是语言发育的黄金期，他们通过听、看，不停地记忆，经过一段时间的学习，就能将发音、图像、意思匹配起来，慢慢地学会说话。

机器要识别出人类说的话，也需要进行学习，这个过程被称为训练。训练包括声学模型训练和语言模型训练。

声学模型训练的目的是将声音特征提取的参数转换为有序的音素输出，简单来说就是把声音信号对应到单个文字的发音。例如，输入了一段声音"mi ma qi qi ba ba"，声学模型通过计算得到这段声音可能性最大是"密码7788"，但在汉语中一个发音可能对应很多不同的文字，这些文字又会串联成有意义的句子，具体对应什么句子就需要语言模型来解决。

语言模型训练的目的是根据声学模型输出的结果，根据组合的可能性大小给出文字序列。智能拼音输入法就用到了语言模型，打出一串拼音，输入法就会给出合适、符合语法习惯的句子。输入法给出的结果包括流行的新词。例如，输入拼音"jiaoshi"，可能会出来"教师""教室""礁石"等（见图3-11），但不会出来"教石"。语言模型的应用能够提高识别率，减小搜索范围，智能输入法还能记住文字输入者的特定习惯。

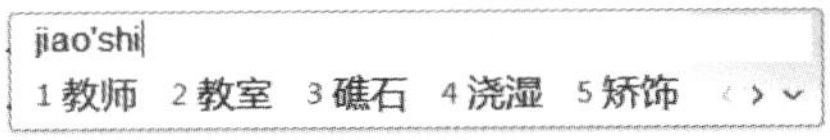

图3-11　拼音输入法给出的词组排序

2. 语音识别的过程

要想让机器听懂人类说的话，首先机器必须清楚人类说了哪些字、词、句，这一步是语音识别需要完成的内容。因为几乎所有人类的语言都对应有文字，而文字是容易编码并被机器识别的，所以语音识别最核心的任务就是语音转文字。

简单来说，语音识别是一个先编码后解码的过程，主要包括语音采集、预处理、特征提取和后处理，如图3-12所示。

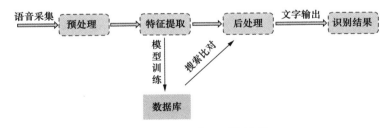

图3-12　语音识别的过程

（1）语音采集

语音采集是指通过话筒等音频采集设备，将用户的语音指令转化为电信号。语音信号通常以声波的形式存在，这些声波包含丰富的信息，如音调、音量、语速等，这些信息对于后续的语音识别至关重要。

（2）预处理

预处理就是对输入的语音信号进行清洗和标准化，滤除掉其中不重要的信息及背景噪声，再调整语音、语调，确定语音的起始点和结束点，以便更准确地提取语音信号的特征。

（3）特征提取

人们说话的声音是由音素组成的。音素是根据语音的自然属性划分出来的最小语音单位，依据音节里的发音动作来分析，一个动作构成一个音素。例如，汉语音节"鹅（é）"只有一个音素，"恩ēn"有两个音素，"肯kěn"有三个音素等。因此，如果能够分辨出声音所对应的音素，那就大概能够知道声音所对应的词语了。

预处理之后，机器需要在语音信号中提取出具有代表性的特征，将声音按帧切分，变成很多段声音元素，然后提取出每段声音中的特征。机器把这些特征用参数存储起来，放入数据库中，以便识别时分析它们所对应的音素是什么。

（4）后处理

语音识别的最后一步是后处理，也称为解码。在获取声音特征之后，机器将特征信息与数据库中的已存数据进行相似度搜索比对，将评分高者作为语音识别的结果，并生成对应的文字输出来完成语音识别功能。为了提高识别的准确性，机器还可以应用语言模型和词汇模型等，以确定最终的输出结果。

3.3.2　语音合成

语音合成是一种将文本转换为语音的技术。它把文字信息转化为可听的语音信号，使机器能够像人一样开口说话。例如，现在人们使用的语音导航软件、有声读物软件等都广泛应用了语音合成技术。

1. 语音合成的原理

要想让机器像人类一样说话，可以仿照人的言语过程模型，在机器中首先形成一个要讲的内容，它一般以表示信息的字符代码形式存在；然后按照复杂的语言规则，将信息的字符代码形式转换成由基本发音单元组成的序列，同时检查内容的上下文，决定声调、重音、必要的停顿等韵律特性，以及陈述、命令、疑问等语气，并给出相应的符号代码表示。这样组成的代码序列相当于一种"言语码"。

语音合成的完整过程可以从"言语码"这一起始点来阐述。依据既定的发音规则，"言语码"被转化为一组随时间变化而展开的序列。这一序列如同人脑中形成的神经命令，以脉冲的形式向发音器官发送指令。这些指令指挥着舌、唇、声带、肺等部位的肌肉进行协调运动，从而发出声音。

语音信号的发声模型由3部分组成：激励模型、声道模型和辐射模型，分别模仿了人的声带、声道和嘴唇，如图3-13所示。

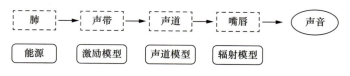

图3-13　发声模型

实际上，人在发出声音之前，大脑要进行一段高级神经活动，即先有一个说话的意向，然后围绕该意向生成一系列相关的概念，最后将这些概念组织成语句输出。

2. 语音合成的过程

语音合成模型模仿的是人类的发声系统。语音合成的过程一般由文本分析、韵律处理、声学处理、声码器、语音片段挑选、语音后处理等组成，如图3-14所示。文本处理系统一般由独立的自然语言处理模块完成，而语音合成系统则更注重在韵律模型、声学模型、语音库以及声码器几方面的研究。

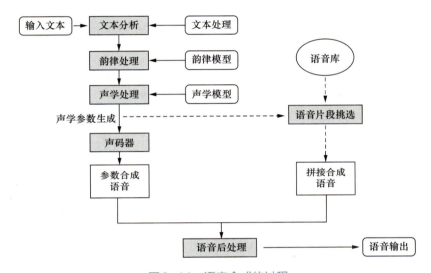

图3-14　语音合成的过程

（1）文本分析

文本分析是指对输入的文本进行处理，包括分词、词性标注、语义理解等。这一步模拟人类对自然语言的理解过程，使机器能够更准确地理解文本含义，为后续环节做准备。

- **分词**：将输入的文本按照语义和语法规则划分成一个个词语，例如，"今天天气晴朗"会被分为"今天""天气""晴朗"。这一步是为了更好地理解文本的结构，因为不同的词语组合方式会影响语音的语调、停顿等。
- **词性标注**：确定每个词的词性，如名词、动词、形容词等。词性标注有助于确定词语在句子中的功能，从而为语音合成的韵律处理提供依据。
- **语义理解**：分析文本的含义，包括理解句子的主题、意图等。

（2）韵律处理

韵律处理主要是为合成的语音规划音高、音长、音强等语音特征，目的是让合成的语音能确切地表达语意，使输出的音频更符合实际情况。例如，根据文本内容和语气确定合适的基频、时长及音强等。

- **基频**：基频是语音信号中最重要的特征之一，它决定了声音的高低，也就是音调。例如，在合成语音时，欢快的语句基频较高，而悲伤的语句基频会比较低。
- **时长**：根据词语的重要性、语法结构和语速要求，确定每个音节或词语的时长。例如，在强调某个词语时，它的时长可能会适当延长。一般在句子中，实词的时长会比虚词的时长长。

- **音强**：音强即声音的强弱，它可以体现语音的轻重缓急。例如，在表达愤怒情绪时，语音的音强会比较大；而在轻柔的语气中，音强则较小。

（3）声学处理

把前两个阶段处理的结果合成为最终的音频文件，即生成语音波纹。这一步主要采用参数合成法和拼接合成法。

- **参数合成法**：根据韵律模型生成的参数，如基频、时长、音强等，使用数学模型计算生成语音波形。这种方法可以灵活地控制语音的各种特征，但生成的语音可能会缺乏自然度。
- **拼接合成法**：从预先录制的语音库中选择合适的片段（如音节、单词或短语），然后拼接在一起形成完整的语音。这种方法生成的语音自然度较高，但需要大量的语音数据来构建语音库，并且拼接过程可能会出现不连贯的情况。

（4）声码器

声码器是语音合成过程中的一个核心组件，其作用是将声学参数（如基频、共振峰等）转换为实际的语音信号。它模拟人类声带和共振腔的作用，通过算法合成出接近人类自然发声的语音。

- **算法选择**：常见的声码器算法包括基于参数的方法（如 WORLD 声码器）和基于深度学习的方法（如 WaveNet、HiFi-GAN 等）。基于参数的方法计算效率高，但自然度稍低；基于深度学习的方法自然度高，但计算量较大。
- **输入与输出**：声码器接收基频、共振峰频率、声谱等参数作为输入，通过一系列复杂的数学变换，输出对应的语音波形信号。

（5）语音片段挑选

在语音片段挑选中，系统依据文本分析、韵律处理及声学处理所获取的声学参数，从语音库中挑选出与当前语音拼接合成任务需求最为匹配的语音片段。

- **声学参数**：声学参数是文本处理系统与语音合成系统综合作用的产物，是系统能够快速进行处理的内容形式，可以提高系统在语音库中的检索效率。
- **语音库**：语音库存储了海量预先录制的语音片段，这些片段涵盖了丰富多样的音素、音节、词语及短语的发音样本，并且每个语音片段都附带了详细的声学特征、韵律信息及语言标注等元数据。

（6）语音后处理

语音后处理是指对生成的语音波形进一步优化，如进行平滑处理、韵律调整等。

- **平滑处理**：对生成的语音波形进行平滑处理，减少由于模型误差或拼接不连贯等原因导致的语音质量下降。例如，消除语音中的突变点，使声音过渡更加流畅、自然。
- **韵律调整**：根据文本的情感色彩和表达意图，进一步优化语音的韵律，包括语调、重音等，使语音更加生动、自然。

下面以一句简单的话说明语音合成的基本流程，例如，输入一段文本"我是智能机器人小精灵"。

① 系统先通过规则把这段文字分词，即"我|是|智能|机器人|小精灵|"。

② 把这段文字进行韵律处理，标出每个字的发音。

③ 利用拼接合成法，根据语音库的发音进行单元的拼接；利用参数合成法生成声学参数。

④ 最后将这句话进行语音播放，完成语音合成。

要把语音合成技术落地到商业产品，不仅要搭建语音合成系统，还需要其他系统的支撑。以人机对话系统为例，涉及的技术模块包括语音识别器、语言解析器、问题求解模块、语言生成器、对话管理模块、语音合成器等。

3.4　多模态融合

模态指的是信息的来源或形式。多模态融合（Multimodal Fusion）是一种结合不同类型的数据（如文本、图像、语音等）进行分析和决策的技术，旨在使人工智能系统获得对复杂环境的全面理解。多模态融合系统的核心思想是利用不同模态的数据提供信息的互补性，将各个模态的信息融合，提升信息的完整性、准确性和鲁棒性。这种技术被广泛应用于自动驾驶、医学诊断、情感计算等领域，使系统具备更强的环境感知和分析能力。

3.4.1　多模态融合的方法

多模态融合的方法通常可以根据融合时机分为特征级融合、决策级融合和模型级融合。此外，随着深度学习的发展，跨模态学习（指运用多个模态进行机器学习）和注意力机制（一种在深度学习模型中模拟人类注意力的机制）等方法也在多模态融合中发挥重要作用，如图3-15所示。

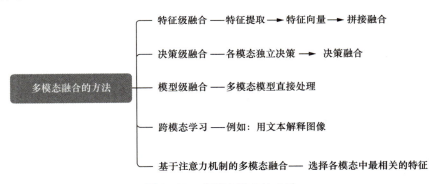

图3-15　多模态融合的方法

1. 特征级融合

特征级融合（早期融合）是将来自不同模态的数据在特征提取阶段进行组合的技术。在这种方法中，通过特定的特征提取技术将各模态的数据转化为特征向量，随后将不同模态的特征向量进行拼接或加权融合，从而形成一个包含所有模态信息的综合特征。

特征级融合可以在深度学习网络的早期层中完成，确保特征在后续的学习过程中充分发挥作用。例如，在视频内容分析中，视频帧的视觉特征可以与音频特征结合，使系统能够综合考虑图像和声音，从而更好地识别视频内容。特征级融合的挑战在于不同模态的数据维度、尺度和时序信息差异大，通常需要特定的正则化（机器学习和深度学习中常用的一种方法，主要用于防止模型过拟合）和预处理手段来增强融合效果。

2. 决策级融合

决策级融合是在各模态分别处理并得出单一模态的决策结果后，再将各模态的独立决策进行融合的技术。这种方法通常适用于单一模态的分类器（数据挖掘的一种方法）或识别模型已经成熟和稳定的场景。

在决策级融合中，人工智能可以采用加权投票、加权平均或贝叶斯组合（指利用贝叶斯定理将多个概率分布组合起来，以获得更准确的概率估计）等方法，将各模态的独立结果综合为最终决策。

例如，在情感分析中，可以通过图像识别模型分析面部表情，通过音频分析情绪语调，再结合文本分析中的情感词汇，对一个人的情绪状态做出全面的判断。决策级融合的优点在于它对单一模态出错的容忍度较高，即使某个模态的结果不准确，也能通过其他模态的结果进行补充和修正。

3. 模型级融合

模型级融合是通过建立统一的多模态模型来直接处理多个模态的数据的技术，而无须单独训练各模态的独立模型。模型级融合通常基于深度学习框架，通过将多个模态的输入直接嵌入到统一的模型中进行训练，使模型可以捕捉各模态之间的潜在关系。

典型的模型级融合方法包括基于多流（Multiple Streams）神经网络的结构设计，允许不同模态的特征在网络中相互交互。例如，在自动驾驶系统中，图像流用于捕获前方道路场景，激光雷达流用于探测距离，将两者共同输入到模型中，协同决策车速和转向。模型级融合能够高效地学习各模态的互补信息，适用于高维数据的融合，但通常需要大量的计算资源和复杂的模型结构。

4. 跨模态学习

跨模态学习是一种使用一种模态的数据来增强或生成另一模态的特征表示的技术。例如，在图像描述生成中，系统需要通过跨模态学习来理解图像内容，并生成符合人类语言习惯的文本。

在跨模态学习中，模型可以通过联合嵌入（Joint Embedding，一种信息转换的方法）将不同模态的数据映射到同一空间中，使各模态的信息可以相互转换和推理。跨模态学习在视觉问答、视频字幕生成等场景中得到了广泛应用，为智能系统提供了跨越模态的"理解"能力。

5. 基于注意力机制的多模态融合

注意力机制在多模态融合中具有重要应用，它能自动选择和加权各模态中最相关的特征，从而提升融合结果的准确性。例如，在语音图像匹配中，通过注意力机制，系统可以自动关注图像中的关键区域和音频中的关键词，从而实现模态之间的高度相关性。基于注意力机制的多模态融合还可以在视频内容分析中对关键帧进行加权，使系统能够更精准地捕捉视频中的关键事件。

3.4.2　多模态融合的应用

多模态融合已广泛应用于各行各业，为智能系统提供了丰富的信息源和强大的决策能力，其在一些典型领域中的应用如下。

1. 自动驾驶

自动驾驶系统依赖多种模态的数据进行综合感知和决策，包括摄像头、激光雷达、毫米波雷达、卫星导航（如北斗卫星导航系统）和惯性导航（一种自主式导航系统，能自动运算获取速度数据）等设备的数据。多模态融合能够将这些传感器的感知信息整合到一起，从而使系统获得周围环境的三维视图和高精度的定位。

例如，激光雷达可以生成车辆周围的三维点云数据，摄像头可以捕捉道路标志和道路信息，卫星导航提供地理位置信息。多模态融合通过这些数据可以生成一幅综合的"环境地图"，从而支持车辆的智能导航和避障。自动驾驶中的多模态融合不仅提高了环境感知的准确性，还增强了车辆在复杂道路条件下的反应能力。

2. 医学诊断

在医学诊断领域，多模态融合能够综合多种类型的医学数据，为医生提供更加全面和准确的诊断依据。例如，人工智能系统结合患者的CT影像、磁共振成像（Magnetic Resonance Imaging，MRI）数据、病历文本和生物标记物（与细胞生长增殖有关的标志物）数据，通过多模态融合模型，可以有效提高医生诊断疾病的准确率。特别是在肿瘤检测中，不同影像模式可以提供不同的病变信息，将这些信息整合分析有助于更早发现病变，提供更精确的治疗方案。此外，多模态融合技术还可以用于在手术过程中实时监测病人体征数据，辅助医生进行手术决策。

3. 视频理解与内容推荐

在视频理解系统中，多模态融合能够帮助系统从图像、音频和字幕等多个层面理解视频内容。例如，通过视频图像分析人物和场景，通过音频分析情绪，通过字幕分析对话内容，这些模态信息的融合能够使系统对视频内容形成综合理解。在视频推荐系统中，融合的多模态数据可以帮助系统推荐更符合用户兴趣的视频。例如，音乐类视频可以结合音频情绪特征进行分类，电影类视频可以通过图像和字幕的情感分析来实现个性化推荐。

4. 安防与监控

在安防监控领域，多模态融合可以帮助系统实现更加准确的监控和异常检测。例如，通过视频图像识别可疑人物的行为，通过音频分析可疑声音（如爆炸声、尖叫声），将两者结合可以更加全面地识别危险情况。在智慧城市的安防系统中，多模态融合还支持跨摄像头的数据共享，形成城市级别的整体监控网络，有助于提升安全管理的效率和精准度。

5. 虚拟助手和智能客服

多模态融合在虚拟助手和智能客服中的应用显著提升了用户体验。虚拟助手可以通过多模态融合分析用户的语音、表情和手势，理解用户意图。例如，用户在语音输入指令的同时，通过面部表情表达情绪，智能客服系统通过对多模态信息的整合分析，不仅可以准确回应指令，还可以根据用户情绪提供更个性化的服务。这种应用能够极大地提升人机交互的自然性和用户满意度。

6. 情感计算

在情感计算中，多模态融合可以帮助系统从面部表情、语音音调、文本内容等多个维度识别用户的情绪状态。例如，通过摄像头获取面部表情，分析用户的情感，通过话筒分析语音音调的变化，同时结合用户的文本输入分析情绪词汇，这些模态的数据融合为情感计算提供了更加全面的依据。情感计算广泛应用于智能客服、心理健康等领域，有助于智能系统理解用户情绪，并根据情绪状态调整应对策略，提高人机交互的亲和力和智能性。

3.5 智能机器人

智能机器人（Intelligent Robot）是指具备环境感知、独立决策和自主行为能力的机器系统。它是多种人工智能技术的集成体，能够通过感知、理解、判断和行动来执行复杂任务。其应用涵盖制造业、医疗、农业、教育等多个领域。现代智能机器人正不断在技术和功能上得到升级，逐步向人类社会的各个领域渗透。

3.5.1 智能机器人的基本构成

智能机器人通常由以下几个模块构成（见图3-16），每个模块承担特定的功能。

图3-16   智能机器人的构成模块

1. 感知系统

感知系统相当于机器人的"感官"，负责收集外界环境中的数据，为后续决策和行为提供依据。常见的感知设备包括摄像头（视觉感知）、话筒（语音感知）、激光雷达（距离和三维空间感知）、红外传感器（温度和障碍物检测）等。感知系统通过这些传感器获取环境的图像、声音、距离等数据，并通过算法分析处理这些信息，实现对周围环境的理解。感知系统广泛应用计算机视觉和语音识别等技术，使机器人对环境的"感知"更加准确和智能。

2. 决策系统

决策系统是智能机器人的"头脑"，负责分析感知系统提供的数据，并基于此做出合理的判断和决策。尤其是在动态环境中，机器人需要快速反应并进行实时决策。决策系统的设计直接影响机器人的智能化水平和反应速度。因此，决策系统往往由强大的计算机处理单元（如CPU、GPU）和复杂的算法构成。它通过分析环境信息，结合既定目标和任务，选择最优的行动方案。决策系统的核心技术包括机器学习、强化学习、路径规划和行为预测等。

3. 执行系统

执行系统是机器人的"行动器官"，负责将决策系统的输出指令转化为实际动作。执行系统通常由机械臂、电动马达、轮子、液压系统等组成，通过机械结构的运动来完成物理任务。例如，工业机器人可以通过机械臂完成精密装配，而家庭服务机器人可以移动到指定位置进行清洁工作。执行系统的运动控制需要精确的算法支持，如伺服控制（指通过技术手段对物体运动状态进行精确控制）、PID控制（一种自动化控制策略）等，以保证动作的准确性和灵活性。

4. 通信系统

通信系统使智能机器人能够借助无线网络、蓝牙、语音通信等模块与人或其他设备进行交互。它既可以用于接收用户指令，也可以反馈任务进展情况。在某些协作任务中，不同的机器人之间需要通过通信系统实时交换信息，实现多机器人协调工作。通信系统还能够支持机器人与云端服务器的数据传输，实现信息的远程共享和处理。

5. 能源系统

能源系统为机器人的各个部件提供能量支持，通常包括电池组和电源管理模块。机器人需要根据任务需求选择适合的电池容量，并通过能源系统优化能量分配来延长工作时间。智能机器人还可以通过太阳能电池等新型能源设备进行补充供电，以增强其续航能力。

3.5.2　智能机器人的关键技术

智能机器人的关键技术包括传感器技术、路径规划与导航技术、视觉与图像处理技术、人机交互技术、强化学习与自主学习技术，以及任务规划与行为控制技术等，如图3-17所示。

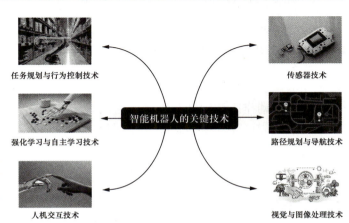

图3-17　智能机器人的关键技术

1. 传感器技术

传感器技术是机器感知能力的基础，使机器人能够"看到""听到"周围环境并收集相关数据。现代传感器种类丰富，涵盖视觉传感器、声学传感器、温度传感器、压力传感器等。多模态传感器的融合使得机器人可以同时采集不同类型的数据，从而对环境有更全面的理解。例如，激光雷达传感器可帮助机器人感知周围的三维结构，避开障碍；红外传感器则可以探测热源，用于在夜间识别障碍物。

2. 路径规划与导航技术

路径规划是指机器人在已知或未知环境中，寻找一条从起点到目标点的最佳路径。路径规划算法包括经典的A*算法、Dijkstra算法，以及适用于动态环境的动态窗口算法等。

对于自主移动机器人来说，导航技术也至关重要。导航系统需要实时采集环境数据，并借助即时定位与地图构建（Simultaneous Localization and Mapping，SLAM）技术建立环境地图，实现机器人的自主定位和路径规划。SLAM技术被广泛应用于无人驾驶和室内服务机器人，使机器人能够在陌生环境中自主行驶。

3. 视觉与图像处理技术

机器视觉通过摄像头和图像传感器获取图像数据，并使用计算机视觉算法对数据进行处理和分析。机器视觉的应用场景包括物体识别、人脸识别、手势识别等。视觉处理算法包括边缘检测、特征提取、深度学习图像识别等。在自动化生产线上，机器视觉技术帮助机器人检测产品质量；在安防领域，机器人通过视觉技术识别异常情况并做出反应。

4. 人机交互技术

人机交互（Human-Robot Interaction，HRI）技术指机器人与人类交流和协作的技术，包括语音识别、自然语言处理、表情识别等。HRI技术的进步使得机器人能够理解人类的指令，并用自然的语言做出反馈。例如，服务机器人可以通过语音识别理解用户的需求，通过语音合成回复用户。在家庭环境中，HRI技术能够使机器人成为用户的智能助手，提升日常生活的便利性。

5. 强化学习与自主学习技术

强化学习是一种通过奖励机制训练机器人行为的技术，使机器人能够在复杂环境中不断优化其行为策略。例如，在机器人下棋任务中，强化学习通过奖励和惩罚的反馈机制，使得机器人可以逐步学习获胜的策略。

自主学习技术使机器人在执行任务的过程中不断获取新知识，从而逐步适应不同的环境。自主学习技术已在多种机器人任务中实现，如无人机飞行、自动驾驶、动态物体抓取等，使得机器人在面对未知情况时具有更强的适应能力。

6. 任务规划与行为控制技术

任务规划是机器人根据目标任务安排操作步骤，并在每一阶段控制行动的技术。机器人任务规划系统能够根据不同的目标优先级和资源约束制定任务序列。行为控制则涉及机器人的动作协调规划和控制策略的制定。在多任务环境下，任务规划使机器人能够合理分配资源，在效率与安全性之间找到平衡。例如，在工业装配线中，任务规划系统确保机器人在不同工位上执行特定任务，提高生产效率。

课后习题

1. 在日常使用的社交软件或新闻资讯平台中，你能发现哪些自然语言处理技术的应用实例？它们是如何改善我们的信息获取与交流体验的？

2. 人们日常使用的智能翻译软件，其背后运用了自然语言处理中的哪些技术？这些技术是如何协同工作来实现较为准确的翻译效果的？

3. 在社交媒体上，利用情感分析技术可以对用户的大量评论进行分析。若要分析某部电影的评论情感，情感词典构建和基于深度学习的情感分析方法分别会起到什么作用？

4. 请和同学们讨论，哪些图像编辑软件使用了计算机视觉技术？该技术在这些软件中又有哪些体现？

5. 智能语音助手有时会出现误解指令的情况，结合智能语音处理中的语音识别原理，分析可能导致这种误解的因素有哪些？

6. 智能语音合成用于智能客服系统，从客户感受角度出发，请和同学们讨论语音合成的哪些方面会影响客户对服务质量的评价，以及如何优化这些方面来提升客户满意度。

7. 多模态融合技术在智能教学系统中的应用前景广阔。想象一下，它可以怎样结合文本、图像、语音等信息，为学生创造更高效、更有趣的学习环境？

8. 智能机器人在图书馆场景中，如何完成图书的定位查找、书架整理等任务？

课后实践：智能机器人应用案例分析

1. 实践目标

通过对具体的智能机器人应用案例的深入分析，加深对智能机器人各组成模块、关键技术及其在实际场景中的应用的理解。

2. 实践内容

（1）选择智能机器人

选择一款具有代表性的智能机器人，如家用扫地机器人或工业装配机器人等，对其进行全面的研究和分析。

（2）研究智能机器人的系统构成

① 研究感知系统：了解其采用的传感器类型及参数（如摄像头的分辨率、视角范围，激光雷达的扫描精度等）情况。

② 研究决策系统：探究其运用的模型、算法和技术，如机器学习模型、路径规划算法等。

③ 研究执行系统：剖析其机械结构和运动控制方式，如机械臂的关节设计、运动速度和精度控制。

④ 研究通信系统：研究其通信协议和数据传输方式，如蓝牙版本、无线网络频段等。

⑤ 研究能源系统：分析其供电方式和续航能力优化策略（如电池类型、容量，是否具备能量回收功能等）。

（3）分析智能机器人的应用场景并评估其性能

分析该机器人在实际应用场景中的任务执行流程和人机交互方式，评估其性能优势和存在的局限性。

3. 实践步骤

（1）实践准备

选择智能机器人：小组成员共同讨论，确定一款感兴趣且具有一定研究价值的智能机器人作为分析对象。

资料收集：通过互联网搜索，查阅相关技术文档、产品说明书以及学术论文等方式，收集该智能机器人的详细信息，包括硬件参数、软件功能、应用场景介绍等。

（2）案例分析

模块分析：按照感知系统、决策系统、执行系统、通信系统和能源系统的顺序，分别对机器人的各模块进行深入分析。绘制模块结构示意图，标注关键部件和技术参数，并详细阐述各模块的工作原理和各模块之间的协同关系。

应用场景分析：实地观察或观看视频资料，了解机器人在实际应用场景中的工作过程。记录机器人的任务执行步骤、与环境和用户的交互情况，分析其如何利用各模块和关键技术来完成任务，以及在任务执行过程中可能遇到的问题和应对策略。

（3）性能评估与总结

根据收集到的信息和分析结果，对智能机器人的性能进行综合评估。总结其在技术创新、应用效果等方面的优势，同时指出存在的不足之处，并提出改进建议。撰写实践报告，报告内容应包括智能机器人介绍、各模块分析、应用场景分析、性能评估与总结等部分，要求条理清晰、内容详实，并附上相关的图表和参考文献。

第 4 章

人工智能工具的应用

学习目标

➢ 掌握使用 AI 工具进行文本处理的方法。
➢ 掌握使用 AI 工具进行图像创作的方法。
➢ 掌握使用 AI 工具进行短视频创作的方法。
➢ 掌握使用 AI 工具进行音频创作的方法。
➢ 掌握使用 AI 工具搭建直播场景和撰写直播话术的方法。
➢ 掌握使用 AI 工具辅助办公的方法。

本章概述

AI 工具在各个领域的应用为创作者提供了前所未有的便利和可能性，通过明确创作主题和目标、选择合适的 AI 工具、收集素材和设定创作规则、利用 AI 工具进行创作、评估与修改等步骤，创作者可以高效地利用 AI 工具进行创作与事务处理，高效地完成各项任务。本章将通过介绍 AI 工具的使用方法，探索 AI 在文本处理、图像创作、短视频创作、音频创作、直播、办公等多个领域的使用技巧，引导读者系统地掌握 AI 的应用技能。

本章关键词

文本处理　图像创作　短视频创作
音频创作　直播　办公

知识导图

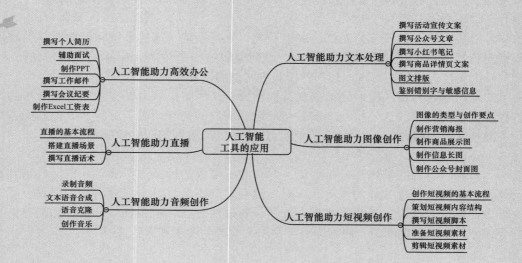

4.1　人工智能助力文本处理

AI的功能十分强大，但我们要想充分发挥AI的潜力，借助AI高效地完成文本处理工作，就要学会使用AI工具。

使用AI工具主要有以下几个步骤。

一是选择合适的AI工具，这类工具一般要具备多场景应用能力，基于对具体场景的理解，可以保持持续的内容输出，实用性较强；二是明确写作目标，我们要告诉AI工具希望它完成的任务，如撰写小红书笔记、公众号文章等，同时我们要提供足够的信息，使AI工具了解我们的需求；三是逐步优化，如我们要修改关键词、添加详细描述等，引导AI生成更符合要求的内容。

除此之外，许多AI工具提供丰富的模板，可以帮助我们快速生成各种类型的文本内容，我们可以根据自己的需求选择合适的模板。

4.1.1　撰写活动宣传文案

为从众多竞争对手中获得竞争优势，吸引消费者的关注，提高销量，企业会开展各种各样的营销活动。在开展营销活动前需要对活动进行宣传。一篇有创意的活动宣传文案可以有效激发消费者的参与和购买欲望。不同类型的企业、活动和目标受众，都会影响活动宣传文案的风格和内容。因此，创作者要找到一种高效的方法来撰写活动宣传文案。Deepseek就是一款非常高效的AI工具。

微课视频

撰写活动
宣传文案

DeepSeek是杭州深度求索人工智能基础技术研究有限公司推出的一款人工智能大模型。它可以快速生成高质量的文章、文案等内容，适用于公众号推文、小红书笔记、短视频脚本等内容的创作。DeepSeek还能够理解用户问题并准确回答，在知识类任务等方面表现良好。与以往的大模型相比，DeepSeek的最大特点是推理能力有了大幅度进步，选择"深度思考（R1）"选项后，DeepSeek会给出具体的逻辑推理步骤，方便用户了解答案的生成逻辑。

下面来介绍如何使用DeepSeek撰写活动宣传文案。

1. 打开DeepSeek

在百度搜索框中输入"DeepSeek"进行搜索，在搜索结果中选择带有"官方"标识的网站（见图4-1），然后点击进入网站。

2. 开始对话

选择"开始对话"选项，如图4-2所示。

3. 输入具体指令

进入DeepSeek对话页面，选择"深度思考（R1）"选项。创作者首先要提供营销活动的详细信息，包括活动类型、目标受众、活动优惠等，然后明确活动的目的，最后要求DeepSeek

图4-1　搜索DeepSeek

根据提供的信息生成活动宣传文案。例如，"我是一名营销策划人员，近期公司打算举办一个为期一周的时尚服饰促销活动，目标受众为年轻女性，活动期间所有在售商品均8折销售。请为这个时尚服饰促销活动撰写一篇活动宣传文案，以吸引年轻女性前来购买。"如图4-3所示。图4-4所示为DeepSeek生成的活动宣传文案。

图4-2   开始对话

图4-3   提供营销活动详细信息

图4-4   DeepSeek生成的活动宣传文案

4. 评估优化

查看DeepSeek生成的回答，根据自己的需要提出优化建议，以生成更符合要求的活动宣传文案。例如，"你生成的活动宣传文案的风格适合在小红书平台发布，而我需要的文案风格要更正式一些，适合在公众号平台发布，小标题应更凝练，突出促销活动主题。请重新为我生成促销活动宣传文案。"如图4-5所示。图4-6所示为DeepSeek优化后的活动宣传文案。

图4-5   提出优化建议

图4-6   DeepSeek优化后的活动宣传文案

4.1.2 撰写公众号文章

公众号通过微信这一拥有庞大用户基数的社交平台，实现了信息的快速、广泛传播。无论是时事新闻、专业知识还是生活资讯，都能迅速触达目标受众。通过持续、高质量的写作，公众号作者可以逐步建立起自己的个人品牌，树立专业形象，提升个人价值。公众号也为商家提供了营销推广渠道，商家可以撰写与产品相关的文章进行营销推广，实现商业价值的最大化。下面将介绍使用百度的文心一言来撰写公众号文章的方法。

微课视频

撰写公众号文章

1. 确定选题

公众号作者在撰写公众号文章时，首先要确定选题。运用AI工具，公众号作者可以源源不断地获取选题灵感。第一步公众号作者可以为AI设定角色，使其更好地理解接下来要做的工作，一般在设定角色的同时给出具体要求。例如，"你是一位资深新媒体文案创作者，请你为我提供5个与服装搭配技巧相关的公众号选题。"文心一言提供的选题灵感如图4-7所示。

看到文心一言提供的选题灵感后，公众号作者可以给出具体的要求来优化回答，从而生成更贴合需求的选题。提出的要求包括选题风格、面向人群、文章达到的效果等。例如，公众号作者想要撰写与传统文化相关的服装搭配技巧，可以向文心一言提供更细化的要求，如"请你为我提供5个与传统文化相关的服装搭配技巧选题，强调文化输出，选题要有趣、实用，对公众号文章写作有指导作用，可以吸引读者阅读。"文心一言优化后的选题如图4-8所示。

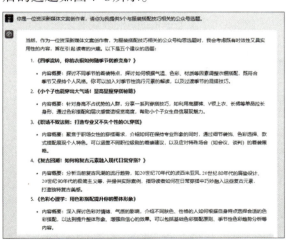

图4-7 文心一言提供的选题灵感

图4-8 文心一言优化后的选题

如果还觉得不够好，公众号作者可以加入特定的人群，让选题聚焦于更清晰、具体的受众群体，例如，"很好，接下来请你面向服装店铺的店主，给出5个更具有针对性的公众号文章选题，同时仍结合传统文化。"文心一言提供的更清晰具体的选题如图4-9所示。

2. 公众号文章写作

借助AI进行公众号文章的写作与确定选题相似，第一步都是设定角色和明确要求。公众号作者向AI提出的要求要足够具体，这样就可以减少提问次数，节省时间，也能让AI给出的回答更具体、更有针对性。公众号作者仍然继续前面的步骤，让文心一言生成公众号文章。

　　公众号文章的撰写需要主题先行，公众号作者需要先确定公众号文章的主题，如"节日营销，服装店铺充分结合传统文化要素进行服装搭配与陈列"。

　　在向文心一言提问时，公众号作者可以提出更具体的要求，如"请你围绕'节日营销，服装店铺充分结合传统文化要素进行服装搭配与陈列'这个主题撰写一篇公众号文章，具体要求如下：（1）文章的结构：先介绍服装搭配与陈列的作用，再介绍方法，最后总结服装搭配与陈列对弘扬传统文化的作用；（2）文章风格：风格应偏活泼一些，多举案例；（3）目标受众：服装店主；（4）字数限制：字数要控制在1500字以内。"文心一言给出的回答如图4-10所示。

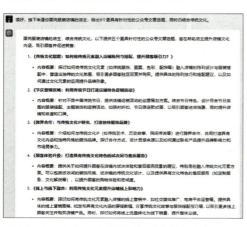

图4-9　文心一言提供的更清晰具体的选题

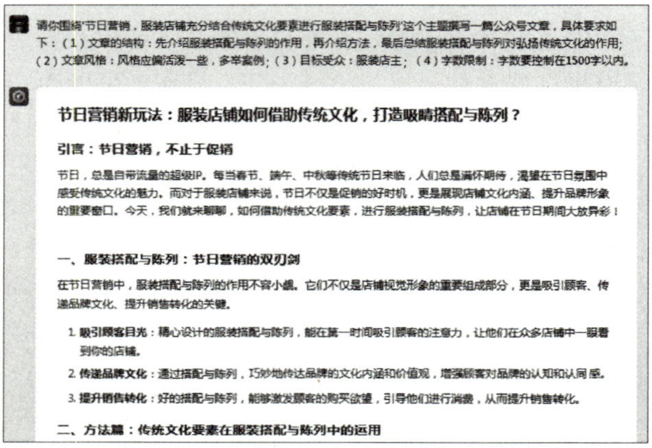

图4-10　文心一言提供的公众号文章

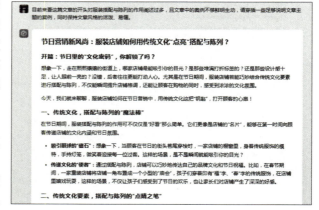

　　公众号作者发现文心一言提供的公众号文章的开头对服装搭配与陈列的作用阐述过多，可以提出要求，使其优化内容，如"目前来看这篇文章的开头对服装搭配与陈列的作用阐述过多，且文章中的案例不够鲜明生动，请穿插一些足够说明文章主题的案例，同时保持文章风格的活泼、易懂。"文心一言提供的优化回答如图4-11所示。

　　一篇公众号文章一般来说篇幅较长，一次性完成文章撰写并且写得很好的概率不大，公众号作者在使用AI撰写文章时可以分段优化，这样文章的效果会更好。如果其中某个案例不够生动、细节不够丰富，公众号作者也可以要求AI单独对这个案例进行扩写或改写。

图4-11　文心一言提供的优化回答

4.1.3　撰写小红书笔记

　　小红书是目前重要的生活方式平台，有十分强大的"种草"功能，也是新媒体运营中的一个重要渠道。小红书允许用户创建包含图片、文字和

微课视频

撰写小红书
笔记

视频的笔记，这种多样化的笔记内容为新媒体运营提供了丰富的素材。

在小红书平台上，用户可以分享自己的旅行、美食、时尚等主题的经验和见解，这些内容能够吸引具有相同兴趣的用户，从而增强内容的互动性和传播性。而品牌可以通过创建与自身相关的主题笔记，与感兴趣的用户进行互动，提升品牌曝光度和信任度。

下面以抖音旗下的AI工具豆包为例，介绍撰写小红书笔记的方法。

1. 设定角色

给AI赋予一个小红书博主的身份，有利于它更加精准地回答问题。在提出具体的要求之前，我们可以询问豆包小红书的热门笔记的特征。例如，"你是一位拥有50万粉丝的小红书博主，请你告诉我小红书的热门笔记有哪些特征？"豆包提供的回答如图4-12所示。

图4-12　豆包提供的回答

2. 提供主题

在确认豆包提供的回答正确无误后，要求豆包根据总结的特征以及给出的主题生成笔记。例如，"请你记住以上特征，并且后续严格按照这个特征来生成笔记。请以'美食与美景'为主题，写一篇小红书热门笔记，遵循上述小红书热门笔记的特征。"豆包提供的小红书笔记如图4-13所示。

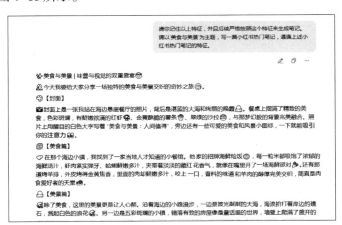

图4-13　豆包提供的小红书笔记

3. 优化笔记内容

在查看豆包给出的回答后，我们可以根据自己的需要和喜好对笔记内容进行进一步优化，如"笔记中，美食和美景的内容要融为一体，体现出美食和美景相得益彰的感觉，让读者身临其境般体会在美景地体验美食的享受。"图4-14所示为豆包提供的优化后的笔记。

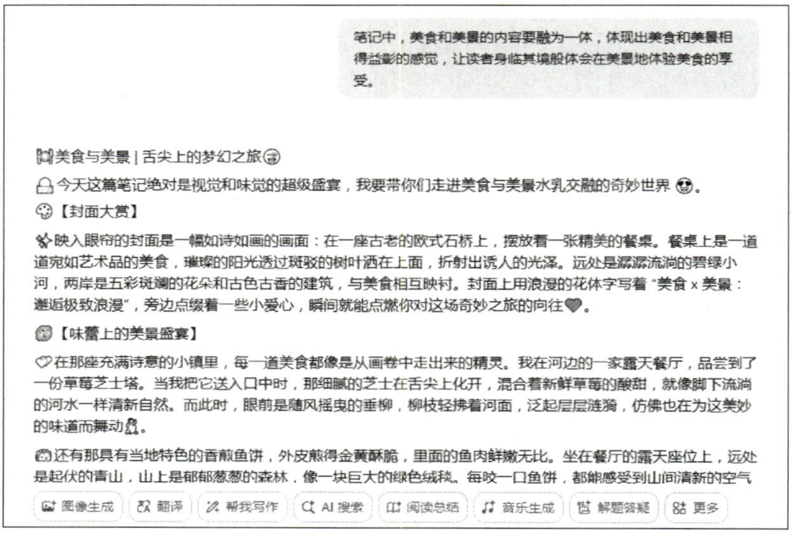

图4-14　豆包提供的优化后的笔记

4.1.4　撰写商品详情页文案

商品详情页文案在电子商务中至关重要，它承担着吸引用户注意力、传递商品信息、激发用户的购买欲望、建立信任及促进转化的多重任务。

优秀的商品详情页文案通常具备以下特点：一是信息条理清晰，易于理解，关键信息突出显示；二是提供详尽的商品描述，包括尺寸、重量、颜色、功能、使用方法等，列出商品的主要特点和优势，以及任何可能的限制或注意事项；三是使用吸引人的标题和子标题，迅速吸引用户的注意力。

商品详情页文案一般包括商品名称、商品描述、品牌故事、使用方法、物流售后承诺、用户评价等。

假设我们是一家食品公司，在天猫开店，我们可以使用阿里巴巴开发的通义千问来协助撰写商品详情页文案。

1. 使用通义千问智能体

打开通义千问网站并登录账号，在页面左侧单击"智能体"按钮，然后在页面上方的搜索框中输入"电商文案"并按【Enter】键进行搜索。在搜索结果中选择热度较高的"全能商业顾问"智能体，如图4-15所示。选择具有特定身份的智能体以后，我们在提问时就不必再为AI设定身份，直接提出具体要求即可。

2. 提出撰写要求

我们可以在对话框中输入具体的要求，并把自身所在的行业、想要推广的商品类型说清楚，如"我公司属于食品行业，最近刚上市了一款火锅速食产品，打算上架天猫官方店铺。请你为我撰写几则商品详情页文案，要求文案风格、特征符合商品详情页的撰写要求，且言简意赅地突出产品优势和品牌特色。"通义千问提供的商品详情页文案如图4-16所示。

图4-15 选择"全能商业顾问"智能体

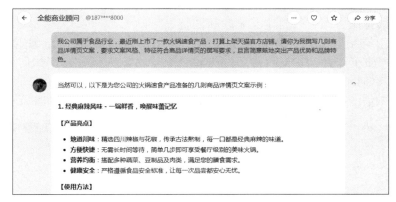

图4-16 通义千问提供的商品详情页文案

3. 优化商品详情页文案

查看通义千问给出的商品详情页文案，找到可以进一步优化的地方，向通义千问智能体"全能商业顾问"提出优化要求。例如，"我觉得第一篇文案比较适合我公司的新品，但产品亮点的文案字数过多，请你为我撰写得更精炼一些，要形成对称结构的文案，类似于'一锅煮四海，五味烹小鲜'这样的结构。"图4-17所示为通义千问提供的优化后的商品详情页文案。

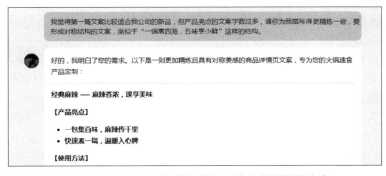

图4-17 通义千问提供的优化后的商品详情页文案

4.1.5　图文排版

在新媒体文案的处理过程中，图文排版是一个综合性的过程，涉及文字、图片、配色及整体布局等多个方面。图文排版需要整体遵循以下4个原则。

- **对比原则**：通过颜色、大小、粗细等对比手法，突出重点，增强视觉效果。
- **重复原则**：在排版中重复利用相同的元素，使整体风格统一，增强辨识度。
- **对齐原则**：保持文字、图片等元素的对齐，使排版更整洁、更美观。
- **亲密原则**：将相关元素放在一起，形成视觉上的关联，便于用户理解。

使用AI工具辅助图文排版，可以极大地提升内容的呈现效果和阅读体验，并且提升写作效率。AI可以快速识别和处理图片和文字内容，大大缩短了排版时间。AI可以根据用户输入的主题和要求，自动生成符合要求的排版方案。而用户可以根据自己的喜好和需求，对生成的排版方案进行自定义修改和调整。

目前市面上有很多工具带有AI排版功能，如96微信编辑器、135编辑器等。下面以使用135编辑器旗下产品"135 AI排版"编辑公众号文章为例，介绍如何使用AI工具进行图文排版，具体操作方法如下。

（1）使用微信"扫一扫"登录135 AI排版，进入其首页，如图4-18所示。

图4-18　135 AI排版首页

（2）如果还没有撰写公众号文章，我们可以输入标题、补充具体要求，平台会自动生成相应的公众号文章，然后自动排版。如果有写好的公众号文章，我们可以选择"导入文章"选项卡，然后单击"常规导入"按钮，如图4-19所示。

（3）按照平台给出的参考格式输入文本（正文小标题前加"#"，段落文字前加"##"），填写头图标题、头图副标题和引言，确认无误后单击"确定"按钮，如图4-20所示。

图4-19　单击"常规导入"按钮

图4-20　输入文本

（4）平台自动生成文案大纲，我们可以在文本框中修改信息，同时选中"智能配图"复选框，AI将从unsplash图库中选图，图片都是公开版权，没有版权风险，确认无误后单击"下一步"按钮，如图4-21所示。

图4-21　生成大纲

（5）根据撰写的公众号文章的内容类型挑选合适的模板类型和配色，然后单击"一键排版"按钮，如图4-22所示。

图4-22　选择模板

（6）浏览AI生成的图文排版样式，根据需要更换模板、更换样式和文案内容，在页面左侧修改内容，在右侧可以同步预览，如图4-23所示。

图4-23　浏览AI生成的图文排版样式

（7）确认排版样式和文案内容都无误后，在页面右侧单击"保存同步"按钮，然后在弹出的菜单中选择"同步文章"选项，将排版后的文案同步到公众号后台，在预定时间发布文章，如图4-24所示；我们也可以选择"群发文章"选项，即时发布文章。

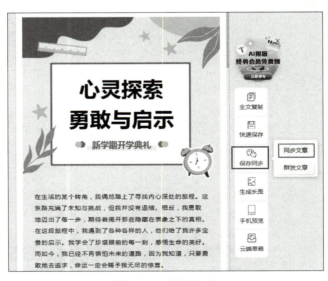

图4-24　同步文章

4.1.6　鉴别错别字与敏感信息

在文本处理过程中，我们难免会因为输入、复制粘贴等操作失误出现文字错误，有些错误比较明显，在输入时会立刻得到纠正；而有些错误比较隐蔽，即使仔细检查也很可能出现错误，使用 AI 工具进行校对则是一个不错的方法，AI 工具能够发现隐藏其中的敏感信息，减少风险。

1. 使用 AI 工具鉴别错别字

微课视频

使用AI工具鉴别
错别字

AI 工具（如爱校对、腾讯云文本识别、科大讯飞文本识别、"墨飞鱼 +"等）能够通过深度学习和自然语言处理技术，轻松识别同音、近音、多字、漏字、错别字、病句等各类错误，同时还会提供合理的修改建议。

下面以"墨飞鱼 +"为例，介绍使用 AI 工具鉴别错别字的方法。

（1）输入文本

在微信中搜索并打开"墨飞鱼 +"小程序，在文本框中输入或粘贴文字，字数限制在 400 字以内，且空格、回车和特殊字符都占用字数，如图 4-25 所示。

（2）纠错

点击 ✅ 按钮即可进行纠错，AI 发现的错误会用红色标记，并在下方清晰地列出，如图 4-26 所示。

（3）接受批改

AI 在列出错别字信息时，同时会进行批改，给出正确的文字，确认无误后可以点击"接受批改"按钮，如图 4-27 所示。

（4）完成批改

按顺序依次接受批改后，AI 会显示"批改完成，共找到 0 个问题"（见图 4-28），最后复制全部文字，粘贴到需要的地方即可。

图 4-25　输入文本　　　　图 4-26　纠错　　　　图 4-27　接受批改　　　　图 4-28　完成批改

2. 使用 AI 工具查找敏感信息

有些 AI 工具基于自然语言理解和深度学习技术，能够有效识别违规文本内容，包括敏感词、禁用词等。

在使用 AI 工具识别敏感信息时，可以用到 AI 工具的文本识别功能、关键词提取功能、情感分析功能和智能审核功能。文本识别功能对文案进行预处理，确保文案内容的准确性和完整性；关键词提取功能可以自动提取文案中的关键词，这些关键词通常与敏感内容相关联，如暴力、色情等；情感分析功能可以分析文案的情感倾向，这有助于识别出文案中可能存在的负面或煽动性言论，从而进一步判断其是否包含敏感内容；智能审核功能可以对文案进行自动审核，这些工具通常能够自动识别敏感词汇、不良信息等，并给出相应的提示或警告。

尽管 AI 工具在查找敏感内容方面具有很高的效率和准确性，但仍可能存在误判或漏判的情况。因此，在利用 AI 工具进行查找后，我们还需要结合人工审核来确保结果的准确性。人工审核可以重点关注以下几个方面。

- **文案的上下文**：结合文案的上下文来判断其是否包含敏感内容，有时单个词汇或短语可能并不敏感，但在特定的上下文环境中可能具有不同的含义。
- **文案的语境**：考虑文案所处的语境，如社交媒体、广告文案、新闻报道等。不同的语境可能对敏感内容的定义和判断标准有所不同。
- **文案的意图**：分析文案的意图和目的，以判断其是否存在恶意或不良意图，这有助于识别出那些试图通过巧妙措辞来规避敏感内容审查的文案。

4.2　人工智能助力图像创作

随着 AI 技术的不断发展，AI 在图像创作领域的应用日益广泛。AI 能够迅速生成大量的图像，帮助创作者在短时间内探索多种设计方向。通过学习大量的艺术作品，AI 可以生成具有新颖性和独特性的图像，拓展创作者的创意边界。

AI 工具可以自动化处理一些烦琐的图像编辑任务，如色彩校正、图像修复等，从而节省时间和人力。对于需要大量重复元素的创作，如图案设计，AI 可以快速生成并保持一致性，提高整体创作效率。

AI 图像创作工具通常会提供易于使用的界面和丰富的预设选项，因此，用户不需要深厚的艺术功底也能创作出令人满意的图像。

4.2.1　图像的类型与创作要点

图像是信息传递的重要载体，在视觉设计中，创作者需要根据设计目的和受众需求选择合适的图像类型。

1. 图像的类型

常见的图像类型包括以下几种。

- **照片类**：这种图片拍摄于现实生活中，具有真实、自然、传达事实的特点，一般被用于报道新闻、宣传活动、展示产品等方面，如图 4-29 所示。
- **插画类**：插画是通过手绘或计算机绘图等方式制作的图像，通常具有卡通风格或者艺术化呈现，能够更好地表现出情感、故事性和想象力，被广泛应用于文化创意领域，如图 4-30 所示。

图4-29　照片类

图4-30　插画类

- **图标类**：图标是一种用于指示和代表具体事物的简洁、明快的标志性图形，一般配合文字使用，被广泛运用于UI设计、网页设计、App设计等场景，如图4-31所示。

图4-31　图标类

- **模型类**：这种图片使用3D建模技术制作，可以展示出更立体、更形象的效果，通常在建筑设计、工业设计、游戏设计等领域使用，如图4-32所示。
- **平面设计类**：这种图片具有强烈的视觉冲击力和艺术感，通常采用平面设计技法、抽象表现手法等来表现主题，常用于海报、广告、宣传单等设计领域，如图4-33所示。

图4-32　模型类

图4-33　平面设计类

2. 图像的创作要点

在创作图像时，创作者需要遵守以下创作要点。

- **主题明确**：创作首先要明确主题，确保图像内容能够准确地传达所需的信息或情感。
- **色彩搭配**：每个图片作品都应有与主题相呼应的主色，并通过对比和调和的方法使画面整体协调、细节美观、主次分明。
- **信息可视化**：创作者在创作图像时，尽可能将文字图像化，通过图表、图标等可视化手段将信息展示得更加直观和易于理解。
- **善用留白**：创作者在设计时要学会克制，善用留白，让设计有"呼吸感"，避免画面过于拥挤，使用户能够把注意力放在重要的信息上。
- **技术与艺术结合**：结合数字技术等新媒体手段，实现创意无限、表现手法丰富的图像创作，同时注重艺术性和审美价值。
- **互动与体验**：在新媒体环境下，图像创作可以融入互动元素，如虚拟现实、增强现实等，创造出全新的艺术体验。

4.2.2　制作营销海报

营销海报作为一种视觉传播媒介，在现代商业营销中扮演着至关重要的角色。营销海报往往色彩鲜明、图像生动，能够在众多信息中迅速吸引用户的注意力，引导用户关注特定的产品或服务。通过文字、图像和色彩的结合，营销海报能够简洁明了地传达品牌信息、产品特点、促销活动等关键内容，使用户在短时间内获取所需的信息。

微课视频

制作营销
海报

海报的设计风格、色彩搭配和整体视觉效果都与品牌形象密切相关，高质量、有创意的营销海报能够提升品牌的知名度和美誉度，塑造独特的品牌形象。

在制作营销海报时，我们可以借助AI工具生成各种类型的营销海报，极大地节省海报设计的时间和成本，也可以将已有素材导入AI工具中，借助AI工具快速生成符合海报设计主题的营销海报。

下面以稿定设计的AI设计功能为例，介绍如何使用AI工具制作营销海报，具体操作方法如下。

（1）打开稿定设计网站的"稿定AI"页面，在左侧单击"设计"按钮，然后选择设计场景，在此选择"横版电商海报"选项，如图4-34所示。

图4-34　选择"横版电商海报"选项

（2）进入"横版电商海报"设计页面，输入主标题和副标题，并上传"素材文件\第4章\时尚女装.jpg"图片素材，单击"开始生成"按钮后，在页面右侧选择所需的模板，然后单击"编辑"按钮，如图4-35所示。

图4-35　选择模板

（3）进入"编辑"页面，调整各素材的位置和大小，然后设置文字的字体和颜色，如图4-36所示。

图4-36 编辑海报

（4）选中模特，然后单击右侧工具栏中的"滤镜"按钮，在打开的页面中选择"基础"类别中的"日常"滤镜，调整滤镜强度为49，如图4-37所示。编辑完成后，单击"下载"按钮，将营销海报保存到本地。

图4-37 应用滤镜

4.2.3 制作商品展示图

在电商营销中，商品展示图扮演着至关重要的角色，它既是用户了解商品的第一扇窗，也是影响用户购买决策的关键因素之一。商品展示图的首要任务是吸引潜在用户的注意力。电商平台上商品众多，竞争激烈，一张高质量、引人注目的商品展示图能够迅速吸引用户的注意力，促使他们进一步了解商品。

微课视频

制作商品展示图

　　通过商品展示图，商家可以传达商品的外观、颜色、尺寸、材质等基本信息。商品展示图为用户提供了直观的视觉感受，帮助用户更好地了解商品的特点和优势。通过展示商品的使用场景、搭配效果或独特卖点，商家可以引导用户想象自己拥有该商品后的美好体验，从而增加用户购买的可能性。

　　美图设计室的"AI商品图"功能能够自动处理并优化图片元素，帮助创作者快速制作出符合展示需求的商品展示图，具体操作方法如下。

　　（1）打开美图设计室网站并登录账号，单击"AI商拍"分类中的"AI商品图"按钮，如图4-38所示。

图4-38　单击"AI商品图"按钮

　　（2）进入"商品图"页面，上传"素材文件\第4章\洁面乳.jpg"图片素材，AI将自动识别并精准抠出商品主体，在页面左侧选择画面比例为"1∶1"，如图4-39所示。

图4-39　上传素材

（3）在画布中调整商品图的大小和位置，在页面左侧选择合适的场景，然后单击"去生成"按钮，如图4-40所示。

（4）此时即可从AI自动生成的商品展示图中选择所需的图片，单击"下载"按钮 下载图片，如图4-41所示。

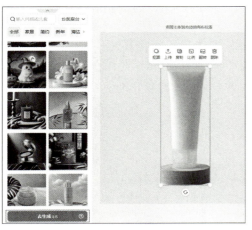

图4-40　选择场景

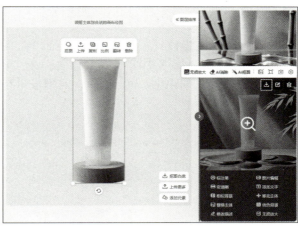

图4-41　下载图片

（5）对比原图（左图）和新的商品展示图（右图）的图片效果，如图4-42所示。从视觉设计的角度来看，AI生成的商品展示图将产品置于清水之上，以阳光和绿叶衬托产品，彰显了产品绿色、天然、水润的特性，营造出了一种清新、舒适的视觉体验。

图4-42　对比图片

4.2.4　制作信息长图

新媒体信息长图是以较长的图片形式展现信息，通常包含文字、图片、图表等多种元素，旨在以直观、简洁的方式传达丰富的信息内容。信息长图在电商、品牌营销等领域有着广泛的应用，能够吸引用户的注意力，提升转化效果。

微课视频

制作信息
长图

在制作信息长图时，设计者要合理规划布局，确保长图的布局清晰、合理，避免信息过于密集或分散；根据主题选择合适的色彩搭配，使长图更加美观、吸引人；优化文字排版，确保内容清晰、易读，避免乱码或错别字；选择高质量的图片素材，确保长图的视觉效果。

信息长图主题明确，一般围绕一个核心主题展开，如产品介绍、活动流程、新闻事件解读、知识科普等。以某品牌手机的新媒体信息长图为例，其主题可能是该手机的新品发布，长图内容会包括手机的外观设计、新功能介绍、性能参数对比、价格和购买渠道等相关信息。

　　信息长图的内容逻辑连贯，通常会采用从上到下或从左到右的顺序，引导用户逐步深入了解内容。例如，一个活动策划长图会按照活动预热、活动流程安排、活动亮点展示、参与方式的逻辑顺序来布局信息。

　　下面以稿定设计为例，介绍如何利用AI工具制作信息长图。假设我们开了一家奶茶店，最近上新了一批产品，主打鲜榨柑橘汁，配合之前的产品，为消费者带来全新的舌尖味蕾体验。

　　（1）打开稿定设计网站并登录账号，在页面左侧选择"稿定模板"选项，在右侧"物料"分类中选择"文章长图"选项，在"行业"分类中选择"通用"选项，在"用途"分类中选择"促销活动"选项，对模板进行筛选，如图4-43所示。

图4-43　选择模板分类

　　（2）在众多模板中选择与自身行业风格相符的模板，在此选择"稿定果茶"模板，如图4-44所示。

图4-44　选择模板

（3）进入模板编辑页面，更改模板中的文字信息和图片素材，在页面左侧单击"图片"按钮，在"为你推荐"中找到合适的图片素材，单击它即可出现在编辑区。我们首先要把模板中的图片素材删去，将添加的图片使用"编辑抠图"功能抠出产品图，再使用"AI变清晰"功能增加产品图的清晰度，最后调整图片的角度，如图4-45所示。

图4-45　更换并编辑图片

（4）信息长图模板中有多种模板样式，前面提到的第一部分产品素材直接替换即可，而后面的产品素材需要拖入图片框内进行替换。图4-46所示为产品图片素材，图4-47所示为将产品图片素材拖入图片框的过程，图4-48所示为在图片框中松开鼠标后替换图片的效果。后面带有图片框样式的素材都按照这种方式更换。

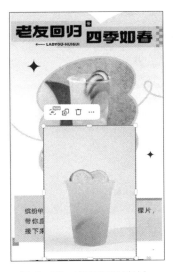  

图4-46　产品图片素材　　图4-47　将产品图片素材　　图4-48　在图片框中松开鼠标后
　　　　　　　　　　　　　　　　拖入图片框的过程　　　　　　　替换图片的效果

（5）当把所有产品图片素材和文字更改完毕后，即可单击页面右上角的"下载"按钮，在弹出的页面中设置作品类型、下载范围等选项，然后单击"下载"按钮，将作品保存到本地，如图4-49所示。

图4-49　下载信息长图

（6）下载完成后，浏览信息长图，效果如图4-50所示。

图4-50　浏览信息长图

4.2.5 制作公众号封面图

公众号封面图是用户首先接触到的视觉元素，设计精美的封面图能够迅速吸引用户的注意力，激发他们的好奇心和阅读欲望，提高点击率。

微课视频

制作公众号
封面图

创作者在制作公众号封面图时，要根据公众号的定位选择合适的封面图风格，并保持一致性，这有助于塑造公众号的品牌形象。公众号封面图设计要简洁，颜色要雅致，画面不要太满，尽量将主体放在中间，注意留白，避免过多的元素和颜色造成视觉混乱。如果公众号封面图上有文字，创作者要确保文字清晰可读，并与公众号封面图的风格和主题相匹配。文字的颜色和字体也要仔细选择，以确保其在公众号封面图上突出且易于阅读。

下面以稿定设计的"AI设计"功能为例，介绍如何使用AI工具制作公众号封面图，具体操作方法如下。

（1）打开稿定设计网站并登录账号，在"创作工具"中选择"AI设计"选项，如图4-51所示。

图4-51 选择"AI设计"选项

（2）在"新媒体"这一栏选择"公众号首图"选项，如图4-52所示。

图4-52 选择"公众号首图"选项

（3）进入公众号首图设计页面，在该页面中输入主标题和副标题，单击"开始生成"按钮，右侧出现多个公众号首图模板，如图4-53所示。

图4-53　生成公众号首图模板

（4）选择合适的公众号首图模板，然后单击"编辑"按钮，如图4-54所示。

图4-54　选择公众号首图模板

（5）进入"编辑"页面，调整各素材的位置和大小，并更改文字的样式、颜色和底色，如图4-55所示。编辑完成后，单击页面右上方的"下载"按钮，将公众号封面图保存到本地。

图4-55 编辑并下载公众号封面图

4.3 人工智能助力短视频创作

AI为短视频创作带来了前所未有的便利。AI可以为短视频创作提供诸多功能，如智能编辑与剪辑、高效内容生成、创意与个性化定制、自动优化等，AI不仅提高了短视频创作的效率和质量，还拓展了短视频创作的边界和深度。

4.3.1 创作短视频的基本流程

要想创作出优质的短视频作品，我们首先要了解并遵循短视频的基本创作流程。短视频的基本创作流程包括确定主题与目标、策划与脚本撰写、准备拍摄设备、视频拍摄、视频剪辑、发布推广与复盘学习。

1. 确定主题与目标

在开始制作短视频之前，我们首先要明确短视频的主题，即想要传达什么信息，或者想要展示什么内容。短视频的主题可以是自己感兴趣的内容，如旅游、美食、时尚、教育等。选择一个自己热爱并擅长的主题，能够激发创作灵感。我们要明确制作短视频的目的，如提升品牌知名度、分享个人经验或者是娱乐他人，不同的目标会影响短视频的风格和内容。

2. 策划与脚本撰写

我们要根据主题制定一个简单的大纲，列出希望在短视频中包含的主要内容，这有助于我们在拍摄时不偏离主题。脚本是短视频拍摄的蓝图，包含了每个镜头的具体内容和对话。脚本撰写要确保故事情节、角色、场景、对话等元素齐全，并符合主题和目标受众的喜好。

3. 准备拍摄设备

我们要根据自己的预算和需求选择合适的拍摄设备，我们可以使用手机、数码相机或专业摄像机。现在手机的摄像功能已经非常出色，非常适合拍摄短视频。

清晰的音频是短视频质量的重要保障，我们可以考虑使用外接话筒来提高录音质量。同时，良好的光线能够显著提升短视频的视觉效果，自然光是最好的选择，如果条件不允许，可以使用补光灯。

4. 视频拍摄

在正式进行短视频拍摄时，我们要选择合适的拍摄角度，不同的拍摄角度可以传达不同的情感和信息，尝试多种角度，找到最适合主题的视角。良好的构图能够提升画面的美感，我们在进行短视频拍摄时，使用三分法等构图技巧，可以让画面更加平衡。此外，我们在拍摄短视频时要注意节奏的把握，避免过快或过慢，适当的节奏能够提升观众的观看体验。

5. 视频剪辑

我们可以根据自己的需求和技术水平选择合适的剪辑软件，如Premiere、Final Cut Pro等，以及简单易用的手机App，如剪映、秒剪等。

导入素材后，我们要按照短视频脚本进行剪辑，剪掉不必要的部分，调整镜头顺序，添加转场效果，然后添加音效与背景音乐，合适的音效和背景音乐能够增强视频的氛围，但要确保使用的音乐是无版权或已获得授权的。

另外，我们还要调整视频画面的色彩和亮度，使画面更加生动，然后根据视频内容添加字幕，确保字幕的准确性和可读性。我们可以使用专门的字幕软件或App进行字幕的识别和编辑。如果短视频需要配音，我们可以选择合适的配音人员或自己进行配音。配音要与视频内容相匹配，确保音质清晰、语调自然。

6. 发布推广

短视频剪辑完成后，我们要根据目标用户选择合适的平台，如抖音、快手、微信视频号等，不同平台的用户群体和内容风格各有不同。

在发布短视频作品时，我们要在发布页面优化标题与描述。一个吸引人的标题和清晰的描述能够提高短视频的点击率，我们要确保标题包含相关的关键词，以便于用户搜索和系统推荐。我们还可以通过社交媒体分享短视频，以吸引更多其他平台的用户；我们可以考虑与其他创作者合作，互推作品，以扩大影响力。

7. 复盘学习

每次制作并发布短视频后，我们要花些时间进行复盘，总结经验，包括拍摄技巧、剪辑方法、推广策略等方面。随着技术的发展和用户需求的变化，持续学习新技能是非常重要的，我们应关注行业动态，通过学习相关课程或参加培训，不断提升自己的创作水平。

4.3.2 策划短视频内容结构

为了加深用户的印象，我们要做好短视频内容结构策划，充分发挥短视频在各个播放时间段的内容优势。短视频创作经常采用三段式内容结构，即开场、主体和结尾。

开场部分主要是为了引起用户的注意，可以使用吸引人的方式开场，如提出一个有趣的问题、展示一个惊人的事实或一个引人入胜的场景，然后直接引入主题。

主体部分主要是根据主题和收集的素材安排内容。如果是教程类短视频，如手工制作，可以按照制作步骤的先后顺序进行讲解，从准备材料到一步步完成作品。主体部分是短视频的核心内容，所以要有亮点、有深度，人物形象要立体，主题要鲜明，情节要曲折，这样才能吸引用户继续观看。

结尾部分需要加深用户的印象，可以总结内容要点，提示用户参与互动。

我们可以使用豆包策划短视频内容结构，在豆包的对话框中输入具体的策划要求，如"请策划一则短视频的内容结构。短视频主题是旅游好物评测，要求分为开场、主体和结尾3个部分，每个部分可以细分，并加上每个部分的时长。"图4-56所示为豆包提供的短视频内容结构策划方案。

以下是一则旅游好物评测短视频的内容结构策划：

开场（0:00 - 0:10）
- **快速展示**：以快速切换的镜头展示一系列准备评测的旅游好物，如旅行背包、便携式充电宝、折叠水壶等，营造出丰富多样的视觉效果，瞬间吸引观众的注意力。
- **引入主题**：旁白说道："旅游出行，这些好物到底怎么样？今天就来给大家做个深度评测。"

主体（0:10 - 5:45）
- **单品评测1：旅行背包（0:10 - 1:20）**
  - **外观介绍**：展示背包的整体外观、颜色、款式，特写其独特的设计细节，如防盗拉链、外置口袋等。
  - **容量测试**：将衣物、相机、水壶等旅行常见物品依次放入背包，展示其收纳空间的合理性和容量大小。
  - **背负体验**：模特背上背包，走动并调整肩带，讲解背包的背负舒适度，是否贴合人体背部曲线，肩带是否减压等。
- **单品评测2：便携式充电宝（1:20 - 2:30）**
  - **外观与大小**：展示充电宝的小巧外形，说明其便于携带的特点。
  - **充电功能**：用数据线连接手机和充电宝，展示充电宝为手机充电的过程，介绍其充电速度、支持的充电

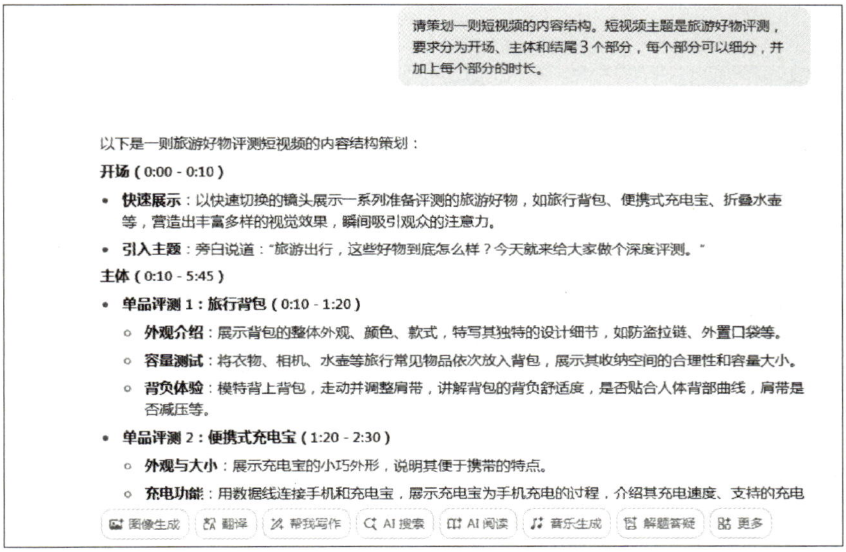

图4-56 豆包提供的短视频内容结构策划方案

4.3.3 撰写短视频脚本

短视频脚本是拍摄短视频时所依据的大纲底本，对故事发展、节奏把控、画面调节等都起着至关重要的作用。

短视频脚本分为3种类型，分别是拍摄提纲、分镜头脚本和文学脚本，如表4-1所示。

表4-1 短视频脚本类型

类型	说明	适用短视频题材
拍摄提纲	拍摄提纲涵盖短视频的各个拍摄要点，通常包括对主题、视角、题材、形式、风格、画面和节奏的阐述，其对拍摄只能起到一定的提示作用	访谈类、Vlog类短视频
分镜头脚本	分镜头脚本主要以文字的形式直接表现不同镜头的短视频画面，其内容更加精细，包括景别、拍摄方式、画面、内容、台词、音效和时长等	剧情类短视频
文学脚本	文学脚本通常只写明短视频中的主角要做的事情或任务、所说的台词和整条短视频的时间长短等	教学类、评测类和营销类短视频

　　要想创作出高质量的短视频脚本，我们需要了解并考虑诸多要素，如主题、角色、对话、视觉元素、节奏与时序等，且短视频脚本中情节的发展、角色的行为、故事的主题都要遵循能让用户理解和接受的逻辑。

　　在AI时代，利用AI工具创作短视频脚本可以极大地节省时间，提高工作效率。AI能够根据主题快速生成多个创意脚本，精准匹配创作风格和目标受众，还能融合用户喜好、热点话题、市场变化等多元化信息，创作出新颖、独特的剧情结构，让短视频作品独树一帜。

　　下面以简单AI为例，介绍如何使用AI工具撰写短视频脚本，具体操作方法如下。

　　（1）打开简单AI网站并登录账号，单击"AI助手"中的"立即体验"按钮，如图4-57所示。

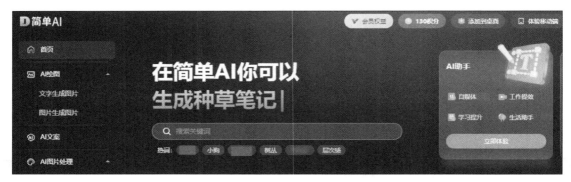

图4-57　单击"立即体验"按钮

　　（2）选择热门应用场景中的"短视频脚本"选项，如图4-58所示。

图4-58　选择"短视频脚本"选项

　　（3）填写视频主题、脚本要求（如视频类型、视频目的、内容要求等）、短视频时长，然后单击"开始创作"按钮，如图4-59所示。

　　（4）此时，即可一键生成带有人物设定、拍摄场景、故事情节、台词或旁白的短视频脚本，如图4-60所示。

图4-59 单击"开始创作"按钮

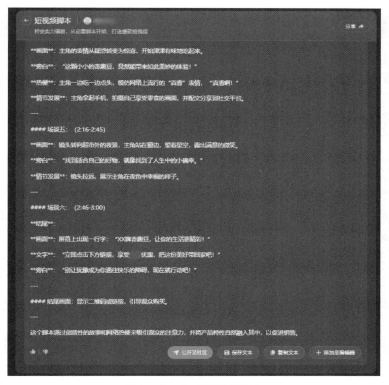

图4-60 生成短视频脚本

（5）单击"添加至编辑器"按钮，对生成的短视频脚本进行人工修改，如图4-61所示。

图4-61　添加至编辑器

4.3.4　准备短视频素材

在创作短视频时，我们应根据自身需求和创作目标，灵活运用搜集免费素材、拍摄视频素材，以及利用AI工具生成素材等多种方式，为短视频作品注入源源不断的创意与活力。

微课视频

准备短视频素材

搜集免费素材可以通过多种途径实现，一是利用免费视频素材网站；二是利用抖音、哔哩哔哩等短视频平台，但使用这些平台的素材时要尊重原创者权益，先与原创者协商，获取授权；三是利用公共资源，如国家图书馆、档案馆、地方政府部门的网站，我们可以登录这些网站来下载纪录片、历史影像、地方风景、文化宣传等视频素材。

拍摄视频素材是短视频制作中最为直接且灵活的方式，它允许创作者根据自身的需求和创意构想，运用相机、手机等拍摄设备捕捉生动的视频画面。拍摄短视频素材是一个涉及创意、技术和流程的综合过程。创作者首先要明确拍摄主题和目标，选择拍摄设备和场地，在具体拍摄时，创作者要掌握构图法则（如三分构图法、九宫格构图法、框架构图法等），充分利用光线，并尝试不同的拍摄角度。创作者要善于关注细节，注意捕捉人物的表情、动作和环境的细节，使视频更具真实感和感染力。

利用AI工具生成素材是一个更高效的方法。我们首先要选择合适的AI工具，如可灵AI、即梦AI等，在制作视频素材时输入创意提示词，调整细节和风格，设置各项参数即可。

下面以可灵AI为例，介绍如何使用AI工具生成短视频素材，具体操作方法如下。

（1）打开可灵AI网站并登录账号，在页面左侧单击"AI视频"按钮，如图4-62所示。

图4-62 单击"AI视频"按钮

（2）进入"AI视频"页面，在上方下拉列表框中选择"可灵1.0"选项，接着选择"图生视频"选项卡，单击"上传"按钮，上传"素材文件\第4章\星夜之巅.jpg"图片素材，然后在"图片创意描述"文本框中输入提示词。在输入提示词时，我们要按照"提示词＝主体＋运动；提示词＝背景＋运动"的公式来输入，如"男人用力举起双手伸一个懒腰，背景的天空中云朵缓慢移动"，如图4-63所示。

（3）运用"运动笔刷"工具在图片中通过"自动选区"或"涂抹"选中某一个区域或主体，然后添加运动轨迹。该运动轨迹要符合提示词的描述，这样可以更好地控制运动主体的运动表现。如果运动主体是某一局部在动，就需要精确涂抹将要运动的局部，箭头指向的位置是主体运动轨迹最终停止的位置，而且单个动态笔刷只能涂抹类别一致的单个主体，选中的区域必须相互联通，而不是相互分离。

图4-64所示为本案例图片设置的运动轨迹，分别为天空云朵、男人的双臂设置运动轨迹，而为男人脚下的山顶设置静止区域，然后单击"确认添加"按钮。

图4-63 上传图片素材

图4-64 本案例图片设置的运动轨迹

（4）在"参数设置"选项区中设置"生成模式"为"标准"、"生成时长"为"5s"，在"不希望呈现的内容"中输入"动作不自然"，然后单击"立即生成"按钮，如图4-65所示。

（5）等待2～5分钟，可灵AI会自动将图片生成视频，然后单击"下载"按钮 下载视频，如图4-66所示。

图4-65　设置生成参数　　　　　　　　图4-66　生成并下载视频

4.3.5　剪辑短视频素材

"营销成片"是剪映针对营销人群快速批量生产营销视频的需求而推出的一项新功能。创作者只需上传视频素材，并输入商品名称和卖点等信息，AI就可以自动完成脚本撰写、配音、背景音乐匹配等多个环节的工作，快速创作出质量上乘的视频内容。

下面将介绍如何利用"营销成片"功能制作一条阿胶水晶枣的商品推荐短视频，具体操作方法如下。

（1）在剪映初始页面中单击"营销成片"按钮，打开"营销成片"窗口。在窗口左侧单击"导入视频"按钮，导入"素材文件\第4章\剪辑短视频素材"中所有的视频素材，如图4-67所示。

（2）在文本框中输入产品名称、产品卖点、适用人群及优惠活动等信息，如图4-68所示。

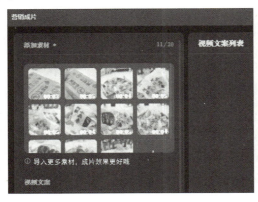

图4-67　导入视频素材　　　　　　　　图4-68　输入文案

（3）设置"视频尺寸"为"9:16"、"视频时长"为"15～30秒"，单击"继续生成文案"按钮。在"视频文案列表"中对生成的文案进行修改，然后单击"生成视频"按钮，如图4-69所示。

图 4-69　设置参数并修改文案

（4）此时，剪映 AI 会根据视频文案对素材进行智能剪辑，并为视频添加字幕、音乐及效果等。生成结束后，创作者要根据需要选择合适的视频，然后单击"编辑"按钮，如图 4-70 所示。

图 4-70　选择合适的视频

（5）进入视频编辑页面，剪映 AI 已经自动为文案添加了背景音乐、旁白音频、视频画面及字幕等。创作者要根据需要导入视频素材，调整视频片段的顺序，并删除多余的视频片段和文本片段，如图 4-71 所示。

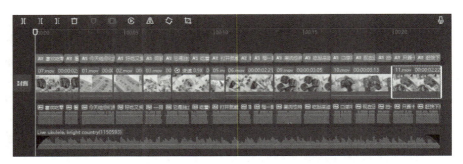

图4-71   调整视频片段的顺序并删除多余的视频片段和文本片段

（6）在"播放器"面板中单击"播放"按钮▶，预览视频效果，如图4-72所示。单击"导出"按钮，即可导出短视频。

图4-72   预览视频效果

4.4　人工智能助力音频创作

在AI技术的加持下，音频创作同样获得了很多便利。AI可以为音频创作提供诸多功能，包括智能音频编辑与处理、高效语音合成与转换、智能音频分析与优化、创意与个性化定制、自动音乐创作与伴奏生成等。

4.4.1　录制音频

很多人在录制音频时会遇到音质不佳、录音效果不好的情况，这种情况毫无疑问会降低内容的专业性，同时增加创作成本。其实录制高质量音频需要掌握一定的技巧，并按照特定的流程来操作。

1. 选择录音设备

录制音频需要用到的设备有话筒、音频接口和耳机。

话筒分为动圈话筒（见图4-73）和电容话筒（见图4-74），动圈话筒适合现场演出，耐用且能处理高音量，能够承受较高的声压且不易失真；而电容话筒适合录音室环境，可以捕捉更多细节，特别适合播客录制。话筒的指向性也很重要，心形指向话筒主要对正前方的声音敏感，能够有效地减少周围环境噪声的拾取，适合在相对嘈杂的环境中录制单一音源。

图4-73　动圈话筒　　　　图4-74　电容话筒

音频接口是连接话筒和计算机的设备，它可以将话筒输入的模拟信号转换为数字信号，供计算机存储和处理。质量好的音频接口能够进行高质量的模数转换，确保音频信号的保真度。

录音人员在录制音频时一般要选择封闭式耳机，封闭式耳机可以有效地隔绝外界声音，让录制者在回放音频时能更清晰地听到细节。同时，耳机的频率响应要尽量平坦，以保证听到的声音没有被过度修饰。

2. 选择录音环境

在录制音频时，录音人员要选择安静的地方，确保录音地点远离噪声源，建议选择书房或卧室等环境；为了减少回声，录音人员可以使用吸音材料，如泡沫板、地毯或厚重的窗帘等。

3. 进行录音设置

录音人员首先要确保音频接口和话筒以及计算机连接顺畅，并调整音量，为确保录音时不过载失真，录音人员可以先进行一次测试录音，以确保音量合适。

4. 保持正确的录音姿势

录音人员要与话筒保持适当的距离。一般来说，10～15厘米比较合适。距离过近，可能会出现喷麦现象，即气流冲击话筒造成的"噗噗"声；距离过远，声音会变得很微弱，并且可能会拾取到更多的环境噪声。

录音人员可以将话筒稍微倾斜放置，让声音以一定角度进入话筒，这样有助于减少喷麦的可能性；同时，录音人员说话或唱歌时，要保持稳定的气息，避免呼吸声过大干扰录制。

5. 控制音频动态范围

音频动态范围是指音频信号中最响亮部分和最微弱部分之间的差异。在录制过程中，录音人员要避免声音忽大忽小。如果音频动态范围过大，在后期制作中可能会导致某些部分声音过小而听不清，或者某些部分过载失真。

6. 做好标记与记录

在录制过程中，录音人员可以对一些重要的部分进行标记。例如，在录制歌曲时，对于一些特别满意的演唱段落或者出现失误的段落进行标记，这样在后期制作时能够方便地找到这些部分。同时，录音人员可以记录下录制的相关信息，如话筒型号、录制时间等，这些信息在后期可能会对音频的处理有帮助。

7. 使用具有AI功能的设备或软件

许多专业录音软件（如Adobe Audition等）都集成了AI降噪功能。在录制音频前，录音人员可以开启软件中的降噪功能。这些软件利用AI算法分析背景噪声的特征，当开始录制时，软件会实时监测并减少这些背景噪声，从而得到相对纯净的人声或乐器声。

在录制过程中，录音人员只需要像使用普通录音软件一样操作，设置好音频输入源、采样率、位深度等参数，然后单击"录制"按钮，软件就会在录制的同时进行智能降噪。

部分软件结合了语音识别技术，以讯飞听见为例，在录制音频时，它可以同时将语音转换为文字显示在屏幕上，这对于录制讲座、会议等内容非常有用。AI会分析语音的特征，包括音素、语调、语速等，将其准确地转换为文字。在录制过程中，录音人员可以通过查看文字内容来及时发现语音录制中的问题，如是否遗漏内容或者出现口误等。而且，这些软件还支持对文字进行编辑，以便于后续整理内容。

一些智能话筒内置了AI芯片，可以通过自身的AI算法对声音进行优化。这些话筒能够自动识别声音类型，区分是人声还是乐器声。对于人声，它会采用适合的音色优化方案，增强人声的清晰度和饱满度；对于乐器声，它会根据乐器的特点进行处理，如对于吉他声，它可能会突出弦音的质感。在使用时，录音人员只需将智能话筒连接到设备（如手机或计算机），打开录音功能，话筒就会自动开始对声音进行智能处理。

录音人员还可以使用AI录音笔进行录音。AI录音笔（如科大讯飞的智能录音笔，见图4-75）利用AI进行录音和语音处理。在录制过程中，AI录音笔可以根据不同的场景（如采访、会议、课堂等）自动切换录音模式。其AI算法可以对不同说话人的语音进行区分和标记，如在多人会议场景下，AI录音笔可以识别出每个发言人的声音，并在转录文字时标记清楚是哪个人说的话。按下录音键后，AI录音笔会自动开始工作。在录音结束后，AI录音笔还可以通过语音识别功能将音频内容转换为文字。

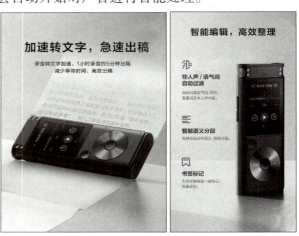

图4-75　科大讯飞的智能录音笔

4.4.2　文本语音合成

AI进行文本语音合成是将输入的文本信息转换为语音信号的过程。AI会进行文本预处理，包括格式化、分词和去噪。格式化是指将原始文本进行格式化处理，如统一编码、去除特殊字符等，以便于后续的语音合成；分词是对文本进行分词处理，特别是针对长篇文案，分词有助于更好地理解文本结构和语境；去噪是指删除文本中的无关信息、语气词等，以提升语音合成的准确性和流畅性。

微课视频

文本语音合成

进行文本预处理后,AI会进行文本分析。分析文本的语法结构,确定合适的语音表达方式;深入理解文本的语义,以便更准确地传达文本信息。然后,AI将文本中的字或词转换为对应的音素序列。音素是语音的最小单位,音素转换可以为语音合成提供基础。

在进行文本语音合成时,用户要先选择合适的语音合成工具,然后根据需求选择合适的发言人,调整语速、音调、音量等参数,这些参数的设置会直接影响合成语音的质量和表现力。需要注意的是,优质的文本是生成高质量语音的基础,因此要确保文本内容清晰、准确,无语法错误。

目前市场上有很多支持文本语言合成的工具,下面以"文本转语音真人发声"小程序为例,介绍如何使用AI工具进行文本语音合成,具体操作方法如下。

（1）在微信小程序上搜索"文本转语音真人发声",在搜索结果中找到该小程序并进入该小程序主页,如图4-76所示。

（2）在文本框中输入或粘贴需要生成语音的文本,然后调整语音的音量、语调、语速等参数,如图4-77所示。

（3）点击"更换配音师"按钮,选择"晓梦"角色,如图4-78所示。

图4-76 小程序主页

图4-77 输入文本并设置参数

图4-78 选择配音师

（4）确认文本框中的文字正确无误后,点击"配音合成"按钮,就可生成语音。点击播放按钮●,可以试听语音。图4-79所示为生成语音并试听。

（5）通过试听发现,语音中有个地方没有停顿,导致语音不太自然,用户可以在需要停顿的地方点击进行定位,然后点击"[插入停顿]"按钮,设置"停顿时长"为0.5秒,如图4-80所示,文本中出现[T:0.5]。

（6）再次试听音频,确认音频无误后,点击下方的"复制链接"按钮,如图4-81所示。该小程序不支持直接下载音频,需要复制音频链接,在浏览器中粘贴链接打开并进行下载。

图4-79　生成语音并试听

图4-80　插入停顿

图4-81　复制音频链接

4.4.3　语音克隆

微课视频

语音克隆

语音克隆是一种利用AI来复制特定人物声音的技术，也称为语音合成定制。语音克隆主要基于深度学习算法，通过接收个人的语音记录，算法能够合成与原说话人非常相似的语音。这一过程通常涉及AI对语音记录的扫描和复制，利用AI将相对较短的语音片段和字符串片段重建为连贯的句子。语音克隆技术可以应用于配音、虚拟人物、语音助手、虚拟客服、语音广告等。

尽管语音克隆技术具有广泛的应用前景，但也存在一些潜在的风险。例如，未经允许使用他人的声音进行语音克隆可能侵犯他人的隐私权和人格权。因此，我们需要采取一系列保护措施来防范这些风险，如加强法律法规建设：完善相关法律法规，明确语音克隆技术的使用范围和限制，保护个人隐私和权益；提高技术检测能力，开发更加先进的检测技术，以识别和阻止未经授权的语音克隆行为；加强安全教育和培训，向公众普及语音克隆技术的相关知识，提高公众的安全意识和防范能力。同时，我们要对企业员工进行安全培训，让他们了解语音克隆技术的风险并采取相应的防范措施。

火山引擎的"声音复刻"是基于字节跳动最新的语音大模型打造的音色定制系统，仅需录制5秒音频即可快速复刻，录制成本极低，被广泛应用于视频配音、数字人驱动、语音助手、在线教育等场景。下面我们以使用火山引擎的"声音复刻"为例，介绍如何使用AI进行语音克隆，具体操作方法如下。

（1）打开火山引擎并登录账号，在"产品"列表中搜索"声音复刻"，然后单击"声音复刻"超链接，在打开的页面中找到"能力体验"板块，我们可以在此体验该系统的语音克隆功能，如图4-82所示。

图4-82　"能力体验"板块

（2）选择"文件上传"选项卡，单击上传按钮 ，在弹出的对话框中选择"素材文件\第4章\声音素材.mp3"文件，单击"打开"按钮上传音频素材，如图4-83所示。

图4-83　上传音频素材

（3）在"调整效果"文本框中输入语音克隆文本，即声音复刻后克隆语音说出来的文本内容，如图4-84所示。

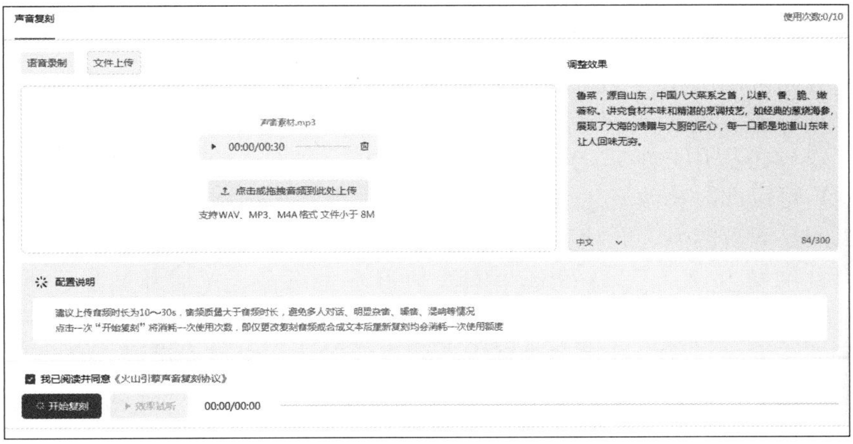

图4-84　输入语音克隆文本

（4）单击"开始复刻"按钮，稍等片刻，待合成后试听语音克隆后的语音效果，如图4-85所示。

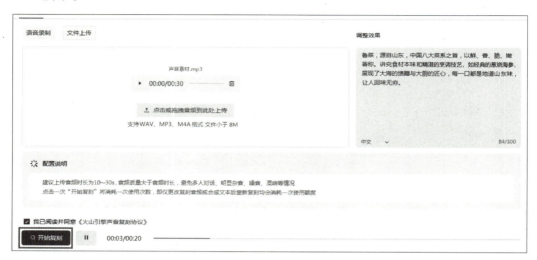

图4-85　进行语音克隆

4.4.4　创作音乐

利用AI创作音乐是一个融合了AI技术与音乐艺术的创新领域。近年来，随着机器学习、深度学习等技术的飞速发展，AI在音乐创作方面展现出了巨大的潜力和创造力。AI创作音乐主要依赖于机器学习算法，这些算法能够分析大量的音乐数据，学习音乐的旋律、节奏、和声等要素，并据此生成新的音乐作品。

AI在音乐创作中的应用主要有提供音乐灵感和创意、快速生成音乐初稿、辅助编曲、风格模仿与融合、音乐续写与扩展、音色和音效设计。

在使用AI工具时，用户只需输入风格、主题、情感、音乐时长、音乐的速度、音调等提示，AI工具就可以生成特定的音乐段落，用户在此基础上可以做出修改，如调整音量、添加效果等，以提升音乐的质量和可听性。

网易天音是网易推出的一站式AI音乐创作平台，旨在通过AI技术为音乐创作人员提供全新的作曲体验。网易天音集成了多种AI音乐生成技术，如自动作曲、和声生成、旋律优化等，能够根据用户的需求生成多样化的音乐。此外，该平台还提供了实时音乐编辑功能，用户可以即时修改音乐元素和结构，实现个性化创作。

下面以网易天音为例，介绍如何使用AI工具创作音乐，具体操作方法如下。

（1）打开网易天音官方网站并登录账号，在左侧选择"快速开始"选项卡，选择创作工具，在此选择"AI一键写歌"工具，然后单击"开始创作"按钮，如图4-86所示。

（2）在"关键字灵感"选项卡中输入想要生成的歌词中的关键词，在"写随笔灵感"选项卡中输入随笔，AI会根据关键词和随笔内容生成更符合主题的歌词，如图4-87所示。

（3）在"段落结构"选项中选择"全曲模式"选项，在"选择音乐类型"选项中选择"流行"类型，然后单击"开始AI写歌"按钮，如图4-88所示。

图4-86　选择创作工具

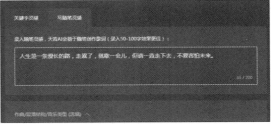

图4-87　输入关键词和随笔内容

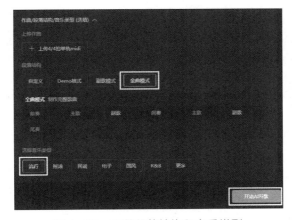

图4-88　设置段落结构和音乐类型

（4）歌曲内容生成后，进入编辑页面，音乐创作人员可以在该页面中进行进一步编辑，如选择歌手、伴奏风格、修改歌词、调整歌曲拍速和调号等。在选择歌手时，音乐创作人员可以在"AI人声"选项中单击"切换歌手"按钮，在弹出的"切换歌手"对话框中选择歌手并试听，觉得合适之后单击"确定"按钮，如图4-89所示。

（5）在"AI伴奏"选项中单击"切换风格"按钮，弹出"选择编曲风格"对话框，在右侧设置BPM范围、情绪类型、适配场景等选项，然后在左侧选择合适的编曲风格，单击"确定"按钮，如图4-90所示。

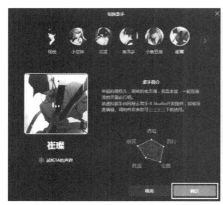
图4-89　选择歌手

图4-90　设置编曲风格

（6）单击"试听"按钮，AI会根据输入的信息和参数生成相应的歌曲。如果音乐创作人员在试听之后发现与自己预期的有差异，可以调整拍速、调号，然后重新生成并试听，如图4-91所示。

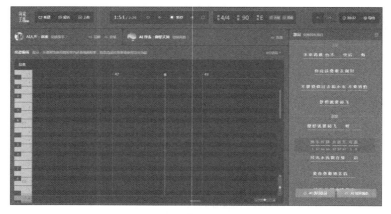
图4-91　试听并调整音乐

（7）确认生成的音乐符合自己的预期之后，单击页面右上角的"导出"按钮，在弹出的"导出歌曲"对话框中输入导出文件名称，选择导出文件类型，然后单击"导出"按钮，即可将歌曲保存到本地，如图4-92所示。

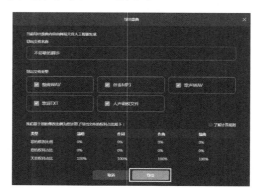
图4-92　导出歌曲

4.5 人工智能助力直播

在AI时代，直播活动在内容形式、观众体验及商业模式等方面都发生了显著的变化，如AI数字人直播、虚拟背景等，这些变化不仅提升了直播的质量和效率，还为观众带来了更加丰富多彩的直播体验。

4.5.1 直播的基本流程

直播是一项系统化的工作，涉及多个环节，需要多个部门紧密协作，以确保直播活动的顺利进行。在开播之前，直播运营者要对直播的基本流程进行规划和设计。直播的基本流程可以分为筹备阶段、直播中、直播后3个阶段。

1. 筹备阶段

直播运营者要做好直播前期的各项筹备工作，包括确定直播要素、人员分工、创建直播间、准备直播脚本、直播预热与直播测试等，如表4-2所示。

表4-2 筹备阶段的各项工作

具体工作	说明
确定直播要素	明确直播主题、直播时间、直播平台、主播人选、商品等
人员分工	明确直播团队中每个人的职责，确保直播过程中各项工作顺利进行
创建直播间	直播间分为线上直播间和线下直播间。线上直播间是指在选定的直播平台上创建直播间，设置直播封面、标题、互动活动等；线下直播间要布置直播环境，包括背景、灯光、产品陈列等，确保直播画面美观、专业
准备直播脚本	撰写详细的直播脚本，包括每个时间段的内容安排、任务分配和目标设定；直播脚本应注重与观众的互动，确保直播过程生动有趣
直播预热	撰写吸引人的宣传文案，通过社交媒体、短视频平台等渠道进行预热宣传
直播测试	测试直播所需的设备，包括摄像头、话筒、灯光、网络等，确保设备性能良好，直播能够流畅地进行

2. 直播中

直播中是指完整实施直播活动的过程，包括直播开场、直播过程和直播收尾。

（1）直播开场

直播开场通常是指直播开始后的前几分钟，一般是3～5分钟，主要是用于奠定整个直播的基调，吸引观众的注意力，让观众对接下来的直播内容产生兴趣并愿意停留，就像是一场演出的开场秀，其精彩程度会直接影响观众是否愿意继续观看这场演出。

在直播开场时，主播也可以介绍直播主题和流程，这样观众就能对直播内容有一个清晰的预期，知道自己是否对接下来的内容感兴趣，并且可以合理安排自己的观看时间。主播也可以通过欢迎观众、回应观众的留言来拉近与观众的距离。

（2）直播过程

直播过程是直播的主体阶段，是内容输出和互动的核心阶段，直播过程的主要任务是呈现内容，如知识讲解、产品介绍、娱乐表演等，直播过程的互动环节包括回答观众提问、开展抽奖或竞赛活动、引导观众互动等。

主播需要合理安排直播的进度和节奏。例如，在一场直播课中，主播要确保各个知识点之间有合理的过渡，不能过快，以免观众来不及消化；也不能过慢，以免观众失去耐心。如果是电商直播，在介绍产品系列时，主播要把握好每个产品的介绍时间，同时要根据观众的反馈及时调整节奏。例如，当观众对某一款产品的关注度特别高、提问很多时，主播可以适当延长该产品的介绍时间，以满足观众的需求。

（3）直播收尾

直播收尾通常是指直播临近结束的最后几分钟，这个阶段是对整个直播的总结和升华，需要给观众留下圆满的印象，让观众在离开直播间后依然能对本场直播回味无穷。直播收尾的主要任务是总结回顾内容、引导关注和分享、处理未尽事宜、感谢观众并道别、营造结束氛围。

3. 直播后

下播不意味着直播活动的结束，主播在下播后还要做一系列的工作，包括直播复盘、整理样品和设备、发布花絮，以及优化和提升。尤其是直播复盘，在这个环节需要对整个直播过程进行全面复盘，分析直播效果和数据，总结直播中的优点和不足，为下一次直播提供经验和教训。

4.5.2 搭建直播场景

直播场景直接影响着观众的观看体验，经过精心设计的直播场景通常能够营造出良好的氛围，增强观众的参与感，有效提升直播的吸引力。直播场景的搭建主要分为选择直播场地和直播背景设计，而 AI 则可以通过自动化设计、高效渲染与优化、个性化定制等在直播背景设计方面发挥重要作用。

在生成直播虚拟背景时，AI 可以根据不同的直播主题和风格快速生成各种背景图，如节日主题、促销活动主题等。例如，使用"豆包"，在其对话框中输入"图片风格为'中国风'，元宵节主题，没有人物，没有文字，碗中有元宵，背景有灯笼"，从生成的背景图片中选择一个合适的背景，如图 4-93 所示。

AI 可以为各类产品的直播提供合适的背景，如数码电子产品、美妆产品、家居产品等。例如，使用"豆包"，在其对话框中输入"图片风格为'3D 渲染'，客厅、沙发、背景墙上有一幅风景画，棕色为主色调，稳重、优雅"，生成的直播间背景如图 4-94 所示。

图 4-93 元宵节主题的直播间背景

图 4-94 生成的直播间背景

4.5.3 撰写直播话术

在直播活动中，直播话术发挥着十分重要的作用，如提升观众体验、增强直播互动性、提高销售转化率、应对突发情况等。

微课视频

撰写直播话术

在竞争激烈的直播营销中，主播借助AI可以提高直播内容的创作效率，增强直播的互动性和吸引力。例如，AI可以基于直播主题、目标受众等信息，快速生成大量的直播话术，大大节省了主播的时间和精力。AI可以根据主播的风格、产品特点及目标受众的偏好，生成具有针对性的直播话术，使直播内容更加符合观众的需求。AI能够对直播话术的语言风格进行分析和调整，使其更符合不同场景和受众的需求。例如，在娱乐直播中，AI可以生成幽默、搞笑的话术；而在专业直播中，AI可以生成专业、权威的话术。

主播在使用AI撰写直播话术时，要在提示词中明确直播主题、产品特点、目标受众特征、风格特点及其他要求。例如，主播可以这样写提示词："请你为我撰写一段关于沙发的直播营销话术，要突出产品典雅的风格，以及质量好、易清洁、舒适等特征，语言风格要亲切且有感染力，适合面向新婚人群。"然后在AI工具生成的内容的基础上进行适当调整和优化。图4-95所示为使用文心一言生成的直播话术。

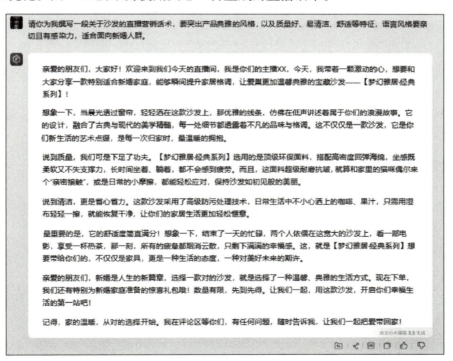

图4-95 使用文心一言生成的直播话术

主播还可以通过在提示词中提出具体要求，让AI规划好各个阶段的直播话术。例如，"请你为我撰写以沙发销售为主题的直播话术，要完整包含开场话术、产品介绍话术、互动话术、结尾话术，并为每一阶段的话术规划好时间长度。"使用文心一言生成的直播各个阶段的话术如图4-96所示。

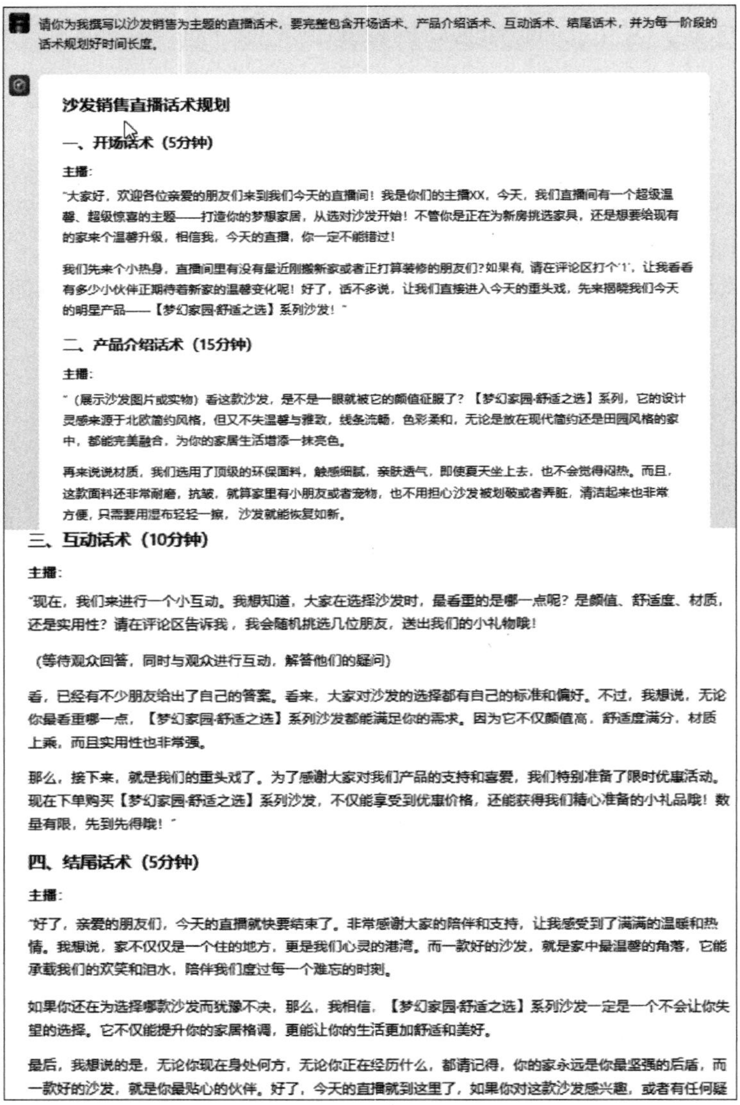

请你为我撰写以沙发销售为主题的直播话术，要完整包含开场话术、产品介绍话术、互动话术、结尾话术，并为每一阶段的话术规划好时间长度。

沙发销售直播话术规划

一、开场话术（5分钟）

主播：

"大家好，欢迎各位亲爱的朋友们来到我们今天的直播间！我是你们的主播XX，今天，我们直播间有一个超级温馨、超级惊喜的主题——打造你的梦想家居，从选对沙发开始！不管你是正在为新房挑选家具，还是想要给现有的家来个温馨升级，相信我，今天的直播，你一定不能错过！

我们先来个小热身，直播间里有没有最近刚搬新家或者正打算装修的朋友们？如果有，请在评论区打个'1'，让我看看有多少小伙伴正期待着新家的温馨变化呢！好了，话不多说，让我们直接进入今天的重头戏，先来揭晓我们今天的明星产品——【梦幻家园·舒适之选】系列沙发！"

二、产品介绍话术（15分钟）

主播：

"（展示沙发图片或实物）看这款沙发，是不是一眼就被它的颜值征服了？【梦幻家园·舒适之选】系列，它的设计灵感来源于北欧简约风格，但又不失温馨与雅致，线条流畅，色彩柔和，无论是放在现代简约还是田园风格的家中，都能完美融合，为你的家居生活增添一抹亮色。

再来说说材质，我们选用了顶级的环保面料，触感细腻，亲肤透气，即使夏天坐上去，也不会觉得闷热。而且，这款面料还非常耐磨，抗皱，就算家里有小朋友或者宠物，也不用担心沙发被划破或者弄脏，清洁起来也非常方便，只需要用湿布轻轻一擦，沙发就能恢复如新。

三、互动话术（10分钟）

主播：

"现在，我们来进行一个小互动。我想知道，大家在选择沙发时，最看重的是哪一点呢？是颜值、舒适度、材质，还是实用性？请在评论区告诉我，我会随机挑选几位朋友，送出我们的小礼物哦！

（等待观众回答，同时与观众进行互动，解答他们的疑问）

看，已经有不少朋友给出了自己的答案。看来，大家对沙发的选择都有自己的标准和偏好。不过，我想说，无论你最看重哪一点，【梦幻家园·舒适之选】系列沙发都能满足你的需求。因为它不仅颜值高，舒适度满分，材质上乘，而且实用性也非常强。

那么，接下来，就是我们的重头戏了。为了感谢大家对我们产品的支持和喜爱，我们特别准备了限时优惠活动。现在下单购买【梦幻家园·舒适之选】系列沙发，不仅能享受到优惠价格，还能获得我们精心准备的小礼品哦！数量有限，先到先得哦！"

四、结尾话术（5分钟）

主播：

"好了，亲爱的朋友们，今天的直播就快要结束了。非常感谢大家的陪伴和支持，让我感受到了满满的温暖和热情。我想说，家不仅仅是一个住的地方，更是我们心灵的港湾。而一款好的沙发，就是家中最温馨的角落，它能承载我们的欢笑和泪水，陪伴我们度过每一个难忘的时刻。

如果你还在为选择哪款沙发而犹豫不决，那么，我相信，【梦幻家园·舒适之选】系列沙发一定是一个不会让你失望的选择。它不仅能提升你的家居格调，更能让你的生活更加舒适和美好。

最后，我想说的是，无论你现在身处何方，无论你正在经历什么，都请记得，你的家永远是你最坚强的后盾，而一款好的沙发，就是你最贴心的伙伴。好了，今天的直播就到这里了，如果你对这款沙发感兴趣，或者有任何疑

图4-96 使用文心一言生成的直播各个阶段的话术

4.6 人工智能助力高效办公

工作中往往有各种行政、管理和运营任务需要处理。这些任务旨在确保工作流程的顺畅、信息的准确传递及资源的有效利用，包括文件与文档管理、日程与会议管理、电子邮件与通信、项目与任务管理、行政与后勤支持、信息管理与数据分析、合规与风险管理。下面主要介绍借助AI工具进行个人简历的撰写、面试、PPT制作、撰写工作邮件、撰写会议纪要和制作Excel工资表等。

4.6.1 撰写个人简历

个人简历是求职者的名片，也是求职者与招聘者第一次接触的桥梁。求职者精心准备一份个人简历，可以迅速吸引招聘者的注意力，提高获得面试机会的可能性。

求职者可以借助AI工具，快速做出一份优秀的个人简历。要想借助AI工具写好个人简历，求职者需要做好以下3步。

1. 梳理个人简历包含的要素

一个毫无求职经验的职场新人在第一次准备个人简历时，首先要做的就是了解个人简历包含哪些要素。人们一般会在网上搜索简历的要素，其实我们可以直接询问AI工具。以使用百度的文心一言为例，在输入"常见的个人简历需要包含哪些要素？"后，文心一言很快就会回复，并在每一项下单独列出相关子项，如图4-97所示。可以看出，这已经是一份比较完整的简历模板了。

微课视频

使用文心一言
撰写个人简历

图4-97　询问个人简历包含的要素

2. 明确求职岗位的职责

求职者要明确求职岗位的职责，这样才能有针对性地做好准备，同时审视自己是否符合该岗位的要求。以新媒体运营岗位为例，求职者可以这样向文心一言发起询问："请问新媒体运营岗位需要承担哪些工作职责？"文心一言提供的回复如图4-98所示。

3. 输入个人信息并生成简历

我们在输入个人信息时，要提供准确、翔实、尽可能量化的信息，至于提供的信息是短信息还是长信息，要根据自身实际情况来做相应的调整。例如，"我叫王宇，25岁，本科毕业于××传媒大学新闻系，我期望应聘的岗位是新媒体运营。在校期间，我进入学校的杂志社团，负责社团的公众号运营，做出过10篇10万＋的热门文章，为杂志社团的账号涨粉1万人。"

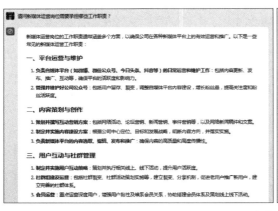

图4-98　文心一言提供的回复

　　为了让文心一言输出更规范、更专业的内容，我们还需要给它定义角色，明确任务目标，做出具体限定："你是一个资深的新媒体运营专家和求职辅导专家，善于优化简历。我现在打算撰写一份新媒体运营岗位的求职简历，请你结合我的个人信息、上述简历模板的要素和该岗位的职责要求，帮我生成一份个人简历。"输入以上提示词后，文心一言生成的个人简历如图4-99所示。

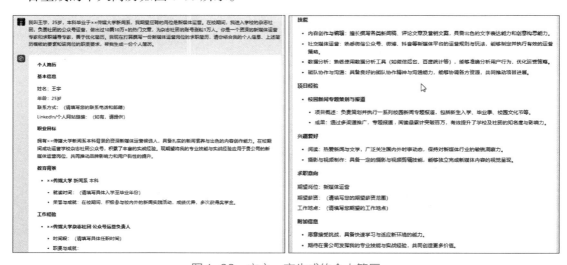

图4-99　文心一言生成的个人简历

　　当然，目前一些在线简历制作平台已经开始引入AI技术来辅助用户制作简历，如提供智能模板推荐、内容生成与优化、自动化检查与修正等功能。用户只需按照提示输入个人信息和求职意向，AI即可自动生成一份符合要求的简历草稿。用户再根据自己的需要进行调整和修改，即可生成一份符合要求的简历。

　　下面以使用神笔简历中的"AI一键生成简历"工具撰写个人简历为例，具体操作方法如下。

　　（1）打开神笔简历网站并登录账号，单击"AI一键生成简历"按钮，如图4-100所示。

微课视频

使用神笔简历
写简历

图4-100 单击"AI一键生成简历"按钮

（2）弹出"AI智能简历"对话框，选择角色（应届生）、求职意向（新媒体运营）、简历模块（校园经历、技能证书、自我评价），然后单击"AI智能生成"按钮，如图4-101所示。

（3）进入简历编辑页面，根据自身实际情况填写或更改各项信息，也可以更换模板、调整排版设置和增删模块，如图4-102所示。确认填写无误后单击"下载"按钮，将简历文档下载到本地。

图4-101 "AI智能简历"对话框

图4-102 编辑简历信息

4.6.2 辅助面试

面试是获得理想工作的重要步骤，求职者首先要了解面试官关注什么问题，以及如何有针对性地回答。

求职者可以借助AI工具来模拟面试，获得应对面试的建议。AI能够根据求职者的简历和岗位要求，自动生成个性化的回答建议。通过运用AI工具，求职者可以在家中进行模拟面试，从而熟悉面试流程，减轻紧张情绪，并提前准备可能的面试问题及其答案。

微课视频

辅助面试

下面以豆包为例，介绍获得面试建议和进行模拟面试的方法。

1. 了解面试官最关注的问题

求职者可以在豆包的对话框中输入提示词："请告诉我面试官通常最关注什么问题？"豆包提供的回答如图4-103所示。

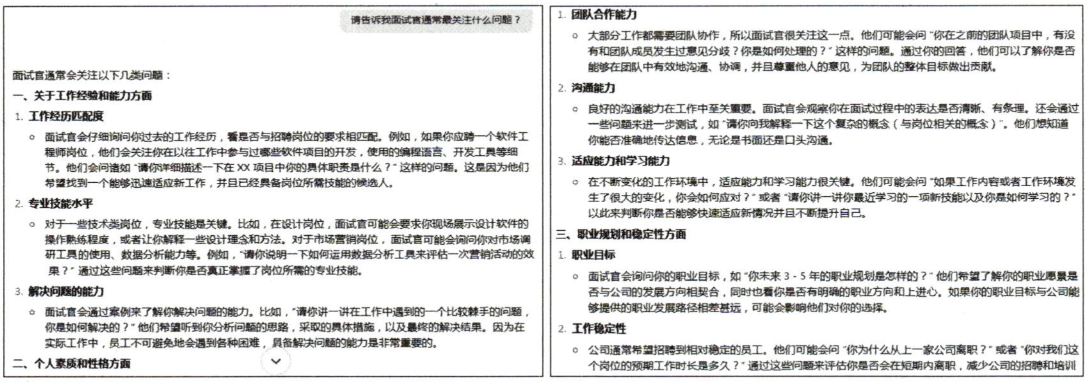

图4-103　豆包提供的回答

2. 生成面试题

在了解面试官的关注点和提问角度后，求职者需要让豆包帮忙生成具体且有针对性的面试题，以作为参考并提前做好准备。仍以前面的"应聘新媒体运营岗位"为例，输入提示词："我想应聘新媒体运营岗位，请帮我生成10个面试官经常会问到的问题。"豆包生成的面试题如图4-104所示。

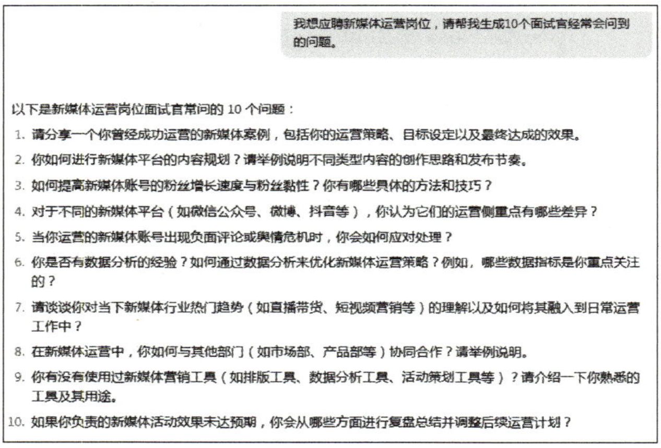

3. 模拟面试

在生成面试题之后，为了在实际面试时更有把握，求职者可以提前借助豆包进行模拟面试，让豆包

图4-104　豆包生成的面试题

扮演面试官，向求职者提出问题，并根据求职者的回答做出反馈，提出改进建议。

模拟面试的步骤如下。

（1）说明任务，即要进行一场模拟面试。

（2）设定角色，给豆包设定一个资深面试官的角色，而提问者是一个求职者的角色。

（3）设定规则，明确回复的格式和内容。

（4）设定模拟面试的起点和终点，即模拟面试如何开始，如何结束。

根据以上4个步骤，求职者可以输入以下提示词：“我想要和你一起完成一场模拟面试。你是一名资深的面试官，你所在的公司目前正在招聘新媒体运营专员，而我是一个迫切想要得到这个岗位的求职者。你将根据之前提到的面试题向我发问，我来回答，你再按照面试点评的方式，包括优点和改进建议两个结构，对我进行反馈。当我说‘面试开始’时，模拟面试即开始；当我说‘面试结束’时，模拟面试即结束。如果你已经清楚该规则了，请回答‘好的’。”

豆包回复“好的”（见图4-105），这表明它已经完全清楚接下来将要做的事。

求职者接着输入“面试开始”，豆包在问出第1个面试题并得到回答之后，也按照格式的要求做了相应点评，并给出了相关改进建议，如图4-106所示。

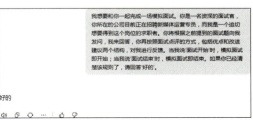

我想要和你一起完成一场模拟面试。你是一名资深的面试官，你所在的公司目前正在招聘新媒体运营专员，而我是一个迫切想要得到这个岗位的求职者。你将根据之前提到的面试题向我发问，我来回答，你再按照面试点评的方式，包括优点和改进建议两个结构，对我进行反馈。当我说'面试开始'时，模拟面试即开始；当我说'面试结束'时，模拟面试即结束。如果你已经清楚该规则了，请回答'好的'。
好的

图4-105 设定模拟面试的规则

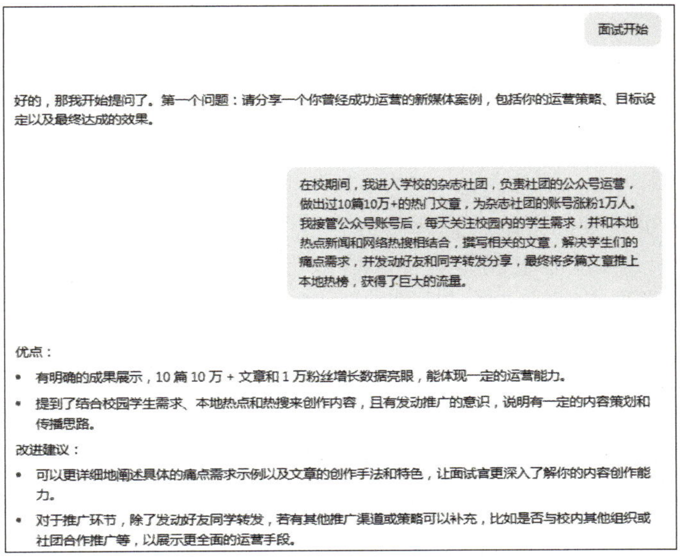

面试开始
好的，那我开始提问了。第一个问题：请分享一个你曾经成功运营的新媒体案例，包括你的运营策略、目标设定以及最终达成的效果。
在校期间，我进入学校的杂志社团，负责社团的公众号运营，做出过10篇10万+的热门文章，为杂志社团的账号涨粉1万人。我接管公众号账号后，每天关注校园内的学生需求，并和本地热点新闻和网络热搜相结合，撰写相关的文章，解决学生们的痛点需求，并发动好友和同学转发分享，最终将多篇文章推上本地热榜，获得了巨大的流量。
优点：
有明确的成果展示，10 篇 10 万 + 文章和 1 万粉丝增长数据亮眼，能体现一定的运营能力。
提到了结合校园学生需求、本地热点和热搜来创作内容，且有发动推广的意识，说明有一定的内容策划和传播思路。
改进建议：
可以更详细地阐述具体的痛点需求示例以及文章的创作手法和特色，让面试官更深入了解你的内容创作能力。
对于推广环节，除了发动好友同学转发，若有其他推广渠道或策略可以补充，比如是否与校内其他组织或社团合作推广等，以展示更全面的运营手段。

图4-106 豆包进行提问并根据回答做出点评

求职者可以按照这种方式，输入提示词“面试继续”，依次把10个面试题回答完，通过豆包给出的反馈，总结自己的优势和不足，调整自己的面试策略。

4.6.3 制作PPT

微课视频

制作PPT

无论是在职场，还是在学术领域，掌握PPT制作技能都是非常重要的，它不仅有助于信息的有效传达和演示效果的增强，还能提升品牌形象，促进知识分享，提高工作效率，提升个人能力。AI工具可以让我们一键生成PPT，快速提高PPT的制作效率。

AiPPT是一款将AI大模型与PPT场景深度结合的产品。我们提出需求后，AiPPT便能快速生成完整、专业的PPT，其支持AI自动生成PPT大纲、导入文本生成PPT、直接导入PPT等操作，目前AiPPT已为国内数万家企业的白领人群提

供了AI一键生成PPT的服务。

下面以AiPPT为例，介绍如何使用AI工具制作PPT，具体操作方法如下。

（1）打开AiPPT官方网站，注册账号并登录，单击"开始智能生成"按钮，如图4-107所示。

图4-107　单击"开始智能生成"按钮

（2）进入导航页，我们可以看到有"AI智能生成""文档生成PPT""导入PPT生成"3种生成方式。选择"AI智能生成"选项，输入想要的主题，补充行业、用途、岗位等信息，生成的PPT内容更丰富；选择"文档生成PPT"选项，可以上传20 000字以内的文档，尽量不包括图片和表格，以免影响生成效果；选择"导入PPT生成"选项，我们可以上传100MB以内的PPT，支持文字、图片格式，但会自动过滤图表等内容。

在此选择"AI智能生成"选项，如图4-108所示。

图4-108　选择"AI智能生成"选项

（3）在文本框中输入PPT的主题"微博运营策略，新媒体行业，用于员工培训"，并设置各项参数，如页数、受众、场景、语气、语言等，然后单击"AI生成"按钮，如图4-109所示。

（4）此时，AI会自动生成内容大纲。浏览大纲，确认大纲符合自身需求后单击"挑选PPT模板"按钮，如图4-110所示。我们若对大纲不满意，可以单击"换个大纲"按钮，让AI重新生成大纲。

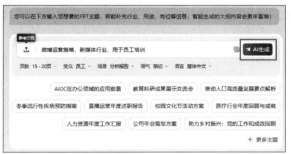

图4-109 输入PPT主题并设置参数　　　　　图4-110 生成内容大纲

（5）在页面下方选择模板场景、设计风格和主题颜色，对模板进行筛选，然后从模板列表中选择符合自己需求的模板，单击"生成PPT"按钮，如图4-111所示。

图4-111 选择PPT模板并单击"生成PPT"按钮

（6）AI开始自动创作PPT，在创作过程中切勿关闭页面。创作完成后，我们即可查看生成的PPT，单击"去编辑"按钮进入编辑页面，如图4-112所示。

（7）在编辑页面对PPT内容进行修改与调整，如图4-113所示。

图4-112　生成PPT

图4-113　编辑PPT

4.6.4　撰写工作邮件

工作邮件在现代职场环境中扮演着至关重要的角色，它是沟通、协作和信息传递的主要工具之一。工作邮件通常用于正式沟通，如发送会议邀请、项目提案、报告等，它提供了一种可追溯的记录，确保所有沟通都有明确的文档支持。

微课视频

撰写工作邮件

使用AI撰写工作邮件是一种新型的工作方式。这种方式能够利用AI的分析和生成能力，快速、准确地生成符合业务需求的工作邮件，从而大大提高工作效率。AI可以根据行业规范和企业要求，优化邮件的格式，确保邮件内容的专业性和可信度。通过内置的垃圾邮件数据库和垃圾关键词数据库，AI能够有效识别和避免邮件中的垃圾特征，提高邮件的送达率和进箱率。

AI能够分析收件人的行为和偏好，生成高度个性化的邮件内容，从而提高邮件的打开率和回复率。个性化定制不仅能够更好地吸引收件人的注意力，还能增强邮件的亲和力，使业务沟通更加顺畅。

具备撰写工作邮件功能的AI工具有很多，如笔灵AI、秘塔写作猫、火山写作等。在使用秘塔写作猫撰写工作邮件时，方法十分便捷，我们只需输入邮件概述"美妆产品销售人员向客户发送一份节日祝福，祝福客户春节快乐，并感谢客户一直以来对他的支持。然后表达要为客户提供好产品和好服务的信心，同时表露对客户在行业内的经验的学习，最后再次表达对客户的祝福"，设定文案的长度和条数，单击"生成内容"按钮，如图4-114所示。

查看生成的邮件内容，如图4-115所示。在生成的邮件内容中，我们可以根据实际需要进行进一步编辑，填写姓名、职位、公司名称、联系电话、电子邮箱地址等。

图4-114　输入邮件概述并生成内容　　　　图4-115　查看生成的邮件内容

4.6.5　撰写会议纪要

会议纪要是用于记录会议内容、总结会议讨论结果和决定事项的重要文件。会议纪要应确保信息的准确性和完整性，同时保持文本的简洁明了。

一份专业的会议纪要一般包括5个要点，即会议基本信息、议题和议程、决策和行动项、遗留问题和附件，如表4-3所示。其中，前3个要点必须记录，后两个要点可以根据具体情况来决定是否体现在会议纪要中。

表4-3　会议纪要的要点

会议纪要的要点	说明
会议基本信息	会议时间、地点、与会者名单、会议主持人、记录员等
议题和议程	会议的主题、具体讨论的内容要点、与会者的意见和建议
决策和行动项	会议期间做出的任何决策，以及针对决策的具体行动项，行动项需要落实到具体的责任人并明确截止日期，以方便会议后跟进完成进度
遗留问题	会议中提出但尚未解决的问题或疑虑
附件	会议中使用过的可以共享给参会者的相关资料

企业可以利用AI工具辅助撰写会议纪要，方法如下。

（1）选择合适的AI工具

市面上已有一些专注于会议纪要生成的AI工具，如全能速记宝、讯飞听见等。这些工具通常具有用户友好的界面和高效的处理能力，能够快速将会议信息转化为结构化的会议纪要。一些办公软件，如钉钉、飞书等，也集成了AI会议纪要功能。企业可以根据自己的实际需求选择更适合自己的AI工具。

（2）准备会议信息

明确会议的主题和讨论的议程，有助于AI更好地理解会议内容；用户输入会议的录音或文字记录，AI工具会根据这些信息生成会议纪要。

（3）使用AI工具生成会议纪要

输入会议信息，将会议主题、时间、参会人员、会议议程及录音或文字记录等信息输入到AI工具中，然后根据需求选择生成会议纪要的模式，如自动生成、半自动生成或手动编辑等。一些AI工具还提供了自定义模板的功能，用户可以根据会议特点进行个性化设置。

AI工具在接收到输入信息后，会快速处理并生成会议纪要，企业可以在短时间内获得一份结构清晰、内容完整的会议纪要。

（4）优化和保存会议纪要

虽然AI工具能够高效生成会议纪要，但企业仍需对生成的会议纪要进行检查，以确保其准确性，特别是涉及重要决策和行动计划的部分，需要仔细核对。确认无误后，用户根据需要将会议纪要转换为Word、PDF等文档格式，方便后续分发和归档；用户将生成的会议纪要保存到云盘或本地，并分享给相关参会人员或团队成员。

4.6.6 制作Excel工资表

使用AI来制作Excel工资表是一个相对复杂的任务，因为AI通常用于处理和分析数据，而不是直接创建复杂的表格结构。用户可以结合AI工具和Excel的自动化功能来简化这个过程。下面将介绍利用AI工具和Excel制作工资表的流程。

微课视频

制作Excel
工资表

（1）确定工资表的结构和内容

用户首先要明确工资表应该包含哪些信息。通常一个工资表中会包括员工姓名、职位、基本工资、奖金、扣款、社保、公积金、实发工资等信息。

（2）使用Excel创建模板

在Excel中根据需求创建一个工资表模板，可以设置列标题、格式和公式等。例如，使用SUMIF函数来计算每个员工的奖金和扣款总额，使用SUM函数来计算实发工资等。

（3）收集员工数据

收集所有员工的数据，包括姓名、职位、基本工资等。这些数据可以来自公司的人力资源系统、数据库或其他来源。

（4）利用AI工具进行数据清洗和转换

如果员工数据有多个不同的来源，或者格式不统一，用户就可以使用AI工具（如自然语言处理模型或机器学习模型）来清洗和转换这些数据。例如，用户使用自然语言处理模型来解析和标准化员工姓名和职位描述，使用机器学习模型来预测缺失的基本工资数据等。

（5）将数据导入Excel工资表

当数据被清洗和转换之后，用户就可以将其导入到Excel工资表中。用户可以使用Excel的导入功能，或者编写一个Python脚本来自动化这个过程。

（6）使用Excel的自动化功能

Excel提供了许多自动化功能，如宏、VBA脚本和Power Query等，用户可以利用这些功能来进一步简化工资表的制作和更新过程。例如，编写一个VBA脚本，定期从公司的人力资源系统或数据库中提取最新的员工数据，并自动更新到工资表中。

（7）验证和审核工资表

在发布工资表之前，用户需要仔细验证和审核其准确性。用户可以使用Excel的条件格式、数据验证等功能来发现潜在的错误或不一致之处。

（8）发布工资表

当工资表经过验证和审核后，用户就可以将其发布给员工或相关部门了。用户可以将工资表导出为PDF、Excel等格式，或者将其上传到公司的内部网站或云存储平台上。

注意事项：

● 在使用AI工具进行数据清洗和转换时，用户应了解这些工具的工作原理和局限性，以避免引入错误。

● 用户在编写自动化脚本时，应遵循公司的安全政策，以保证数据安全。

● 用户在发布工资表之前，务必与相关部门和员工进行沟通，以确保他们了解工资表的内容和格式，并能够及时提出任何疑问或反馈。

虽然AI工具不能直接创建Excel工资表，但它可以大大简化数据收集、清洗和转换的过程，从而帮助用户更快速地制作出准确、可靠的工资表。ChatExcel是北大团队开发的AI工具，可以通过聊天操作Excel。用户不需要编写复杂函数或公式，即可轻松处理和分析数据。ChatExcel可以自动识别用户的需求，设置公式，支持查询、修改等操作，并可持续交互优化结果。下面利用该工具和Excel的相关功能来制作工资表，具体操作方法如下。

（1）打开"素材文件\第4章\Excel工资表\工资表.xlsx"工作簿，新建工作表并将其重命名为"1月"，根据需要输入表头信息，如序号、工号、部门、姓名、基本工资等，并设置单元格格式，如图4-116所示。

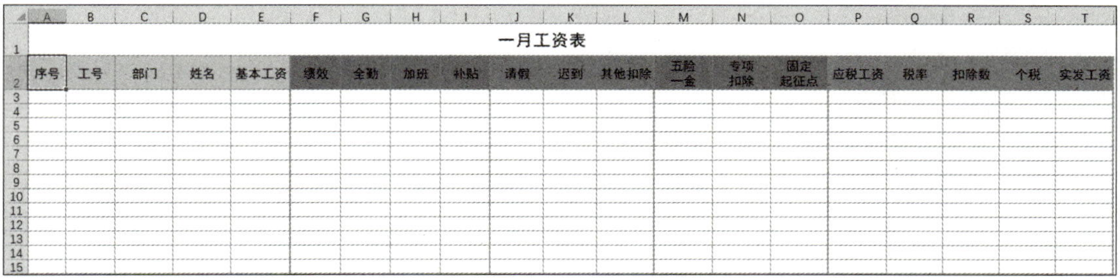

图4-116　输入表头信息并设置单元格格式

（2）在第3行部分单元格输入数据，其中M3单元格数据由公式"=E3*22.5%"得出，如图4-117所示。

M3		×	✓	fx	=E3*22.5%									

	B	C	D	E	F	G	H	I	J	K	L	M	N	O
1								一月工资表						
2	工号	部门	姓名	基本工资	绩效	全勤	加班	补贴	请假	迟到	其他扣除	五险一金	专项扣除	固定起征点
3	E001	办公室	赵晓萱	8000			300		200			1800	2300	5000
4														
5														
6														
7														

图 4-117　输入数据

（3）选择 A3 单元格，在编辑栏中输入公式"=IF(B3<>"",ROW()-2,"")"，按【Enter】键即可得出自动序号，如图 4-118 所示，向下拖动填充柄即可将公式填充到该列其他单元格中。

（4）选择 P3 单元格，输入公式"=IF(E3+SUM(F3:I3)-SUM(J3:L3)-SUM(M3:O3)>0,E3+SUM(F3:I3)-SUM(J3:L3)-SUM(M3:O3),0)"，

A3		:	×	✓	fx	=IF(B3<>"",ROW()-2,"")

	A	B	C	D	E	F	G
1							
2	序号	工号	部门	姓名	基本工资	绩效	全勤
3	1	E001	办公室	赵晓萱	8000		
4							
5							

图 4-118　计算序号

按【Enter】键得出应税工资，如图 4-119 所示。

	:	×	✓	fx	=IF(E3+SUM(F3:I3)-SUM(J3:L3)-SUM(M3:O3)>0,E3+SUM(F3:I3)-SUM(J3:L3)-SUM(M3:O3),0)							

	D	E	F	G	H	I	J	K	L	M	N	O	P	Q
					一月工资表									
	姓名	基本工资	绩效	全勤	加班	补贴	请假	迟到	其他扣除	五险一金	专项扣除	固定起征点	应税工资	税率
	赵晓萱	8000			300		200			1800	2300	5000	0	

图 4-119　计算应税工资

（5）选择"税率表"工作表，如图 4-120 所示，其 A1:D11 单元格区域为已经编辑完成的税率相关数据。

（6）返回"1月"工作表，选择 Q3 单元格，输入公式"=IF(P3=0,0,VLOOKUP(P3,税率表!$A:$D,3,1))"，按【Enter】键得出税率，如图 4-121 所示。

A2		:	×	✓	fx	起征点

	A	B	C	D
1		税率表		
2	起征点	5000		
3		个人所得税预扣率表一　薪金所得预扣预缴		
4	级别	应纳税所得额	税率	速扣数
5	0	不超过3000元的	3.00%	0
6	3000	超过3000元至12000元部分	10.00%	210
7	12000	超过12000元至25000元部分	20.00%	1410
8	25000	超过25000元至35000元部分	25.00%	2660
9	35000	超过35000元至55000元部分	30.00%	4410
10	55000	超过55000元至80000元部分	35.00%	7160
11	80000	超过80000元部分	45.00%	15160

图 4-120　"税率表"工作表

Q3		:	×	✓	fx	=IF(P3=0,0,VLOOKUP(P3,税率表!$A:$D,3,1))		

	M	N	O	P	Q	R	S	T
1								
2	五险一金	专项扣除	固定起征点	应税工资	税率	扣除数	个税	实发工资
3	1800	2300	5000	0	0.00%			
4								
5								
6								

图 4-121　计算税率

（7）选择R3单元格，输入公式"=IF(P3="",0,VLOOKUP(P3,税率表!$A:$D,4,1))"，按
【Enter】键得出扣除数，如图4-122所示。

（8）选择S3单元格，输入公式"=IF(P3="",0,P3*Q3-R3)"，按【Enter】键得出个税，
如图4-123所示。

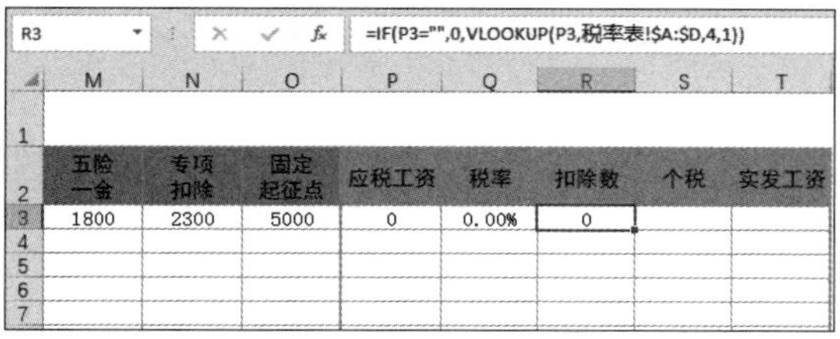

图4-122　计算扣除数 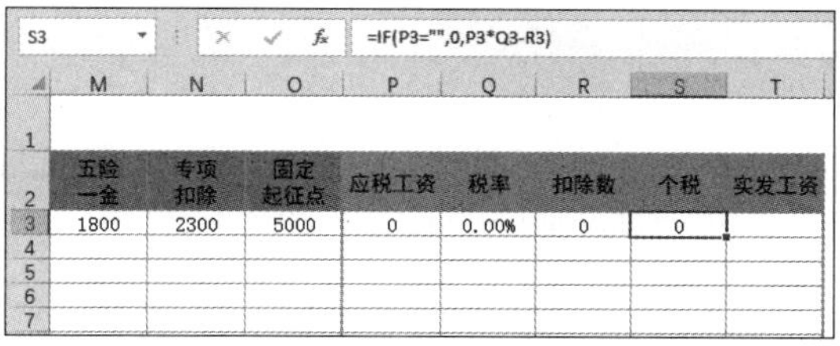　　　　　　　　　　　　　图4-123　计算个税

（9）选择T3单元格，输入公式"=E3+SUM(F3:I3)-SUM(J3:L3)-M3-S3"，按【Enter】
键得出实发工资，如图4-124所示。

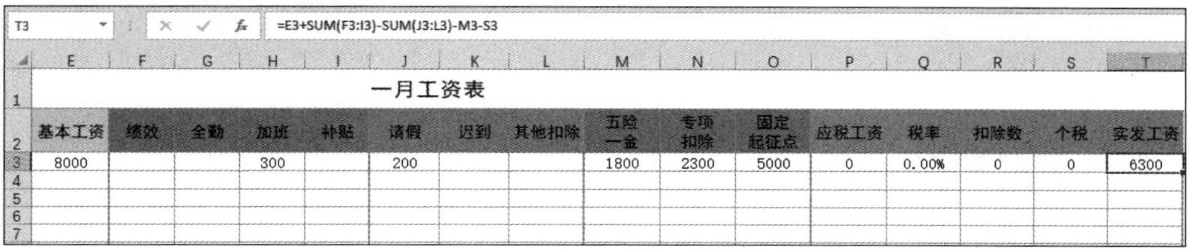

图4-124　计算实发工资

（10）下面使用ChatExcel对工资表源数据进行整理，打开ChatExcel网站，登录账号
并进入工作台，选择要使用的工具，在此选择"ChatExcel-lite"，单击"立即使用"按
钮，如图4-125所示。

图4-125　选择"ChatExcel-lite"工具

（11）单击"上传文件"按钮，上传"素材文件\第4章\工资表源数据.xlsx"工作簿，
预览表格数据，如图4-126所示。

（12）单击👤图标打开对话框，输入指令"删除数据重复的行"，按【Enter】键发送
指令，即可将表格中所有的重复数据行删除，如图4-127所示。

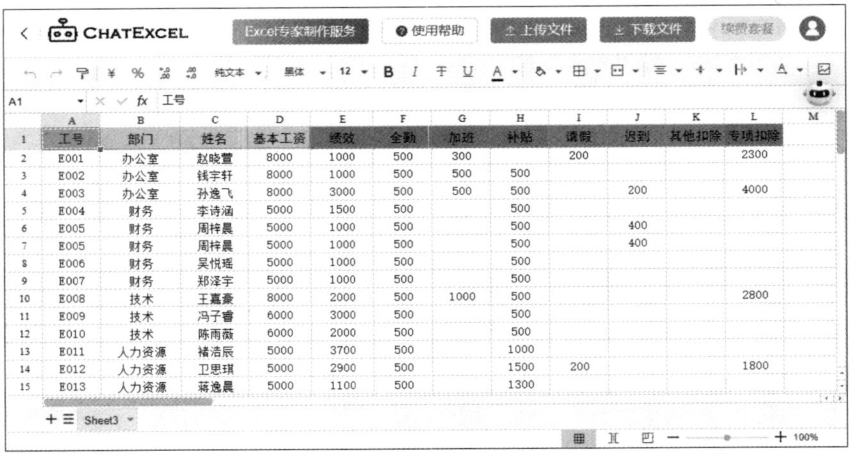

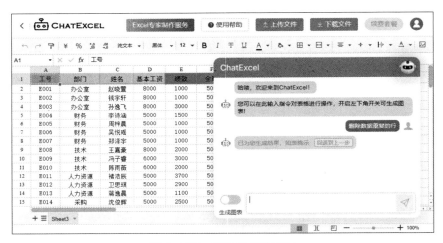

图4-126　上传文件并预览表格数据

图4-127　删除重复数据行

（13）根据需要继续输入所需的其他指令，对表格数据进行整理。在此依次输入"将C列中包括空白单元格的行删除""将B列中带有'销售'字样的数据替换为'销售'""如果I列或J列中包含数据，那么删除对应的F列中的数据""将'采购'部门的'补贴'数据修改为1800"，如图4-128所示。数据整理完成后，单击"下载文件"按钮下载表格文件。

（14）将整理好的"工资表源数据"工作表复制到"工资表"工作簿中，并将其重命名为"数据源"。选择"1月"工作表，选择B3单元格，输入"="，然后选择"数据源"工作表中的A2单元格并按【Enter】键，引用数据源中的工号数据，使用填充柄向下填充数据，如图4-129所示。

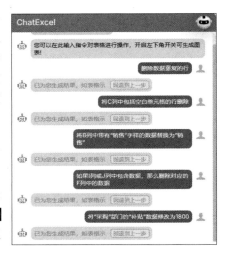

图4-128　输入指令

图4-129　填充"工号"数据

（15）选择C3单元格，在编辑栏中输入公式"=VLOOKUP($B3,数据源!$A:$L, COLUMN()-1,0)"，按【Enter】键得出"部门"数据，然后使用填充柄将公式填充到C3:L58单元格区域，以自动填充该区域的数据，如图4-130所示。

				=VLOOKUP($B3,数据源!$A:$L,COLUMN()-1,0)							
A	B	C	D	E	F	G	H	I	J	K	L
									一月工资表		
序号	工号	部门	姓名	基本工资	绩效	全勤	加班	补贴	请假	迟到	其他扣除
1	E001	办公室	赵晓萱	8000	1000		300		200		
2	E002	办公室	钱宇轩	8000	1000	500	500	500			
3	E003	办公室	孙逸飞	8000	3000		500	500		200	
4	E004	财务	李诗涵	5000	1500	500		500			
5	E005	财务	周梓晨	5000	1000			500		400	
6	E006	财务	吴悦瑶	5000	1000	500		500			
7	E007	财务	郑泽宇	5000	1000	500		500			
8	E008	技术	王嘉豪	8000	2000	500	1000	500			
9	E009	技术	冯子睿	6000	3000	500		500			
10	E010	技术	陈雨薇	6000	2000	500		500			
11	E011	人力资源	褚浩辰	5000	3700	500		1000			
12	E012	人力资源	卫思琪	5000	2900			1500	200		
13	E013	人力资源	蒋逸晨	5000	1100	500		1300			

图4-130　填充数据

（16）选择N3单元格，在编辑栏中输入公式"=VLOOKUP($B3,数据源!$A:$L,12,0)"，按【Enter】键得出"专项扣除"数据，然后使用填充柄将公式填充到该列其他单元格中，如图4-131所示。其他数据用同样的方法进行填充，至此"一月工资表"制作完成。

										=VLOOKUP($B3,数据源!$A:$L,12,0)							
E	F	G	H	I	J	K	L	M	N	O	P	Q	R	S	T
								一月工资表						
基本工资	绩效	全勤	加班	补贴	请假	迟到	其他扣除	五险一金	专项扣除	固定起征点	应税工资	税率	扣除数	个税	实发工资
8000	1000		300		200			1800	2300	5000	0.0	0.00%	0	0.00	7300.00
8000	1000	500	500	500				1800		5000	3700.0	10.00%	210	160.00	8540.00
8000	3000		500	500		200		1800	4000	5000	1000.0	3.00%	0	30.00	9970.00
5000	1500	500		500				1125		5000	1375.0	3.00%	0	41.25	6333.75
5000	1000			500		400		1125		5000	0.0		0		4975.00
5000	1000	500		500				1125		5000	875.0	3.00%	0	26.25	5848.75
5000	1000	500		500				1125		5000	875.0	3.00%	0	26.25	5848.75
8000	2000	500	1000	500				1800	2800	5000	2400.0	3.00%	0	72.00	10128.00
6000	3000	500		500				1350		5000	3650.0	10.00%	210	155.00	8495.00
6000	2000	500		500				1350		5000	2650.0	3.00%	0	79.50	7570.50
5000	3700	500		1000				1125		5000	4075.0	10.00%	210	197.50	8877.50

图4-131　使用公式填充其他数据

下面利用工资表制作每个员工的工资条，具体操作方法如下。

（1）新建"1月工资条"工作表，在A1单元格中输入"工资条（一月）"，选择A2

单元格并输入"="，然后选择"1月"工作表中的A2单元格，按两次【F4】键将单元格引用中的行数设置为绝对引用，然后使用填充柄将公式填充到T列，得出表头数据，如图4-132所示。

图4-132　使用公式得出表头数据

（2）选择A3单元格，在编辑栏中输入公式"=INDEX('1月 '!A:A,ROW(A12)/4)"，然后使用填充柄将公式填充到T列，得出第1个员工的工资条的数据，如图4-133所示。

图4-133　使用公式得出第1个员工的工资条数据

（3）选择"1月"工作表中的A1:T3单元格区域，按【Ctrl+C】组合键进行复制操作，然后在"1月工资条"工作表中选择A1:T3单元格区域，单击"粘贴"下拉按钮，选择"选择性粘贴"选项，在弹出的对话框中选中"格式"单选按钮，单击"确定"按钮，如图4-134所示。

图4-134　设置粘贴格式

（4）此时即可为工资条数据设置单元格格式，效果如图4-135所示。

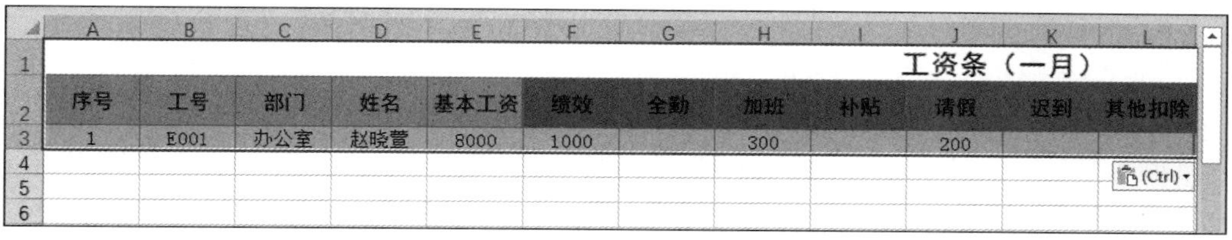

图4-135 粘贴格式效果

（5）选择A1:T4单元格区域，然后向下拖动填充柄，即可得到其他员工的工资条数据，根据需要将不需要显示的列进行隐藏，效果如图4-136所示。

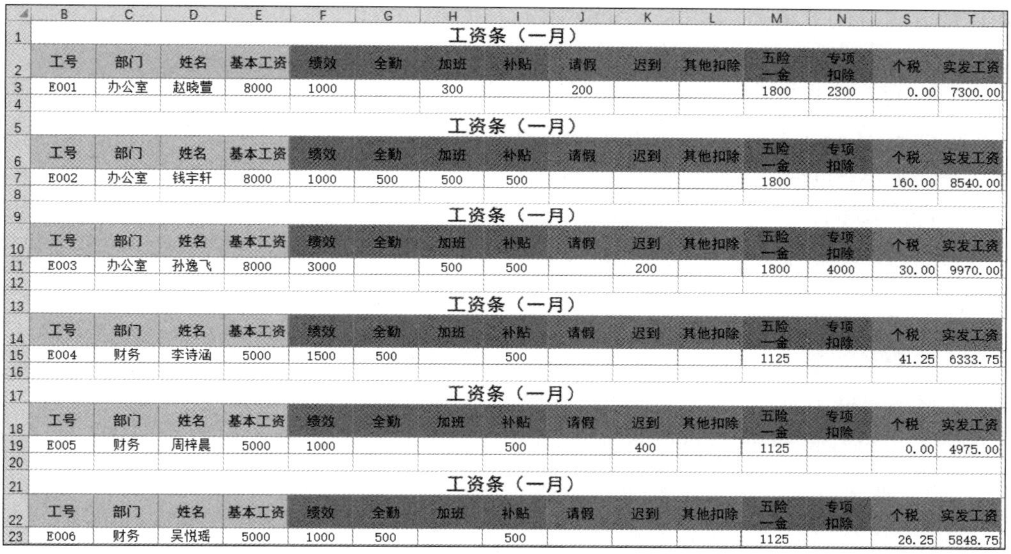

图4-136 填充工资条数据

课后习题

1. 简述使用AI工具处理文本的步骤。
2. 使用AI工具进行图像创作时，你需要注意哪些事项？
3. 使用AI制作短视频呈现出哪些趋势？
4. 在进行语音克隆时，你需要注意哪些风险？
5. 如果你是一个音乐创作新人，如何利用AI工具创作音乐，需要注意哪些事项？
6. 在撰写直播话术时，主播如何使用AI工具更有效率？
7. 简述利用AI工具撰写会议纪要的步骤。
8. 学完本章知识后，你觉得AI工具在当前阶段有哪些局限？

课后实践：人工智能辅助音乐创作

1. 实践目标

通过实践操作，充分感受AI在音乐创作方面的高效，并学会利用AI工具进行音乐创作，掌握其步骤与技巧，深化对AI工具的认识。

2. 实践内容

利用AI工具创作一首歌，风格和主题自拟，但创作出的歌曲要悦耳、积极向上。

3. 实践步骤

（1）选择合适的工具

了解当前市场上主流的AI音乐创作工具，如Suno AI、网易天音、Soundraw、即梦AI、海绵音乐等。

（2）熟悉工具基础操作

登录选定的AI工具平台，熟悉其操作界面和功能菜单，通过实践熟悉其使用方法。

（3）确定歌曲的各项参数

首先确定歌曲的主题和风格，主题可以是"思念""友情""爱情""亲情""旅行"等，风格可以是"流行""摇滚""民谣""说唱"，然后设定歌曲的音色、拍号、伴奏风格等。

（4）生成歌曲

设定好相关参数后，生成并试听歌曲，查看歌曲的歌词。

（5）修改和优化

如果觉得创作的歌曲与自己的预期不符，可以修改歌词，重新设定音色、拍号、伴奏风格及歌曲的风格，再次生成歌曲，直至满意。

（6）撰写实践报告

撰写实践报告，总结使用AI工具进行音乐创作的收获、遇到的难题和解决方案、对AI工具的评价（包括优点和不足）。学生思考在使用AI工具的过程中遇到的问题和启示。教师收集学生反馈，评估实践效果，提出改进建议。

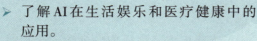

第 5 章 人工智能的应用场景

学习目标

➤ 了解 AI 在生活娱乐和医疗健康中的应用。
➤ 了解 AI 在经济金融和教育教学中的应用。
➤ 了解 AI 在媒体服务和公共安全中的应用。
➤ 了解 AI 在无人驾驶中的应用。

本章概述

AI 现已迅速渗透到各行各业，并不断推动着传统行业的革新。无论是在提高生产力、优化资源配置方面，还是在为人类生活带来便利方面，AI 都展现出巨大的潜力。本章将通过介绍 AI 在生活娱乐、医疗健康、经济金融、教育教学、媒体服务、公共安全及无人驾驶等多个领域的应用，帮助读者系统地了解 AI 如何塑造未来的生活和工作方式。

本章关键词

生活娱乐　医疗健康　经济金融
教育教学　媒体服务　公共安全　无人驾驶

知识导图

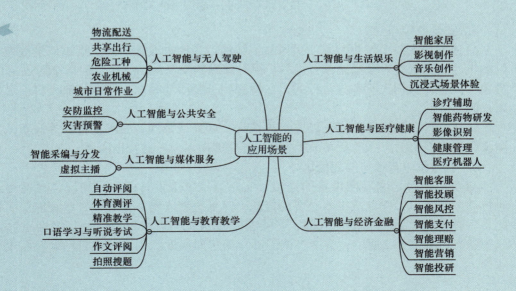

5.1　人工智能与生活娱乐

人工智能给人们的生活娱乐赋予了无限可能，将科技与日常生活紧密相连，为人们的生活创造出前所未有的体验与乐趣。

5.1.1　智能家居

AI 使智能家居系统能够以一个控制器为核心，通过无线网络连接家中的各种设备，实现对家居环境的全方位控制，使家庭生活更加便捷、安全和高效。从语音助手、安防监控到能耗管理、健康监测，AI 为用户打造了一种"会思考"的居家环境，进一步提升了人们的生活质量。

1. 语音助手与家居控制

语音助手（如小米的小爱同学、阿里巴巴的天猫精灵，见图 5-1）是智能家居的核心应用之一。这些语音助手可以理解自然语言，有了语音助手，用户就可以通过语音指令控制电灯、空调、电视等家电，实现"动口不动手"的便捷生活。此外，语音助手还会"学习"用户的习惯，逐步提供更加个性化的服务，提升用户体验。

图 5-1　智能家居中的小爱同学和天猫精灵

2. 安全监控与安防

AI 使家居安防系统更智能、更可靠。智能门锁通过人脸识别、指纹识别等技术，可以防止外人随意进入家庭区域，进一步提升家庭的安全性。智能监控系统通过结合 AI 与摄像头，可以识别人脸和异常行为，在检测到可疑活动时发出警报，或者将信息发送到用户的手机上。

此外，智能家居系统还可以连接摄像头、烟雾报警器、漏水报警器等设备，实时监测家庭的安全状况，一旦发现异常情况，会立即向用户发送警报信息。

3. 智能家电管理与能耗优化

AI 可以通过与物联网设备的连接，实时监控家中设备的运行情况，在检测到无人时自动关闭家电，以此减少不必要的能耗，降低电费支出。例如，一些智能照明系统会配备人体感应器，当房间无人时，灯会自动熄灭，当有人进入时，灯又会迅速恢复到照明状态，如图 5-2 所示；智能空调能够根据房间温度和用户习惯自动调整温度，节省能源。

图5-2　配备人体感应器的照明设备

4. 环境监测与调节

有了AI技术加持的智能家居系统可以实时监测室内的温度、湿度、空气质量等环境参数，并自动调节空调、加湿器、空气净化器等设备，为人们创造一个舒适的生活环境。

5. 家庭健康监测

在整体智能家居系统中（即多款智能家居设备通过有机连接构成的智慧体系，它们共用一个智能中枢系统），家居设备还可以帮助用户监测身体健康状况。例如，智能体重秤、智能血压计等设备与中枢AI连接，可以记录用户的健康数据。AI会根据这些数据分析出用户的健康趋势，并通过语音助手提醒用户要注意健康问题，进而帮助用户培养健康的生活习惯。

5.1.2　影视制作

AI在影视制作领域的应用日益广泛，不仅可以提高制作效率，还可以为创作者提供更多的创作空间，使影视作品在视觉和内容层面达到新的高度。AI在影视制作方面的应用如下。

1. 智能特效生成

在传统特效制作中，创建爆炸、烟雾、水流等场景往往需要人工构建物理效果模型，并进行大量渲染，而AI可以大幅度加快这个过程。借助AI的深度学习算法，特效制作工具能够基于真实物理现象自动生成复杂的视觉效果，如电影中的水下场景、尘雾散射等。

2. 表情和动作捕捉技术

AI可以提升表情和动作捕捉的精度，使虚拟角色的表情更自然、真实。传统动作捕捉需要依赖大量设备和手动调整，但AI可以在仅有少量标记点、甚至完全无标记的情况下捕捉表情和动作，并结合深度学习实现新的视觉效果。例如，在电影《流浪地球2》中，视觉制作团队就是通过使用演员年轻时的视频素材训练AI模型，并结合相应算法，实现了片中角色"刘培强"的"减龄"效果。

3. 智能剪辑与片段处理

影视作品的剪辑通常需要筛选大量素材，而AI在这一过程中显著提高了效率。AI剪辑工具可以自动识别视频中的特定场景、人物或情绪，从而帮助剪辑师快速完成初步剪辑。例如，一些视频编辑软件已经开始利用AI，为用户提供自动剪辑、配乐、识别字幕等功能。图5-3所示为剪映AI识别字幕功能。

图5-3　剪映AI识别字幕功能

4. 智能剧本生成与内容建议

AI在剧本创作阶段也能提供辅助功能，通过自然语言处理技术帮助编剧生成对话或故事框架。尽管AI生成的剧本仍需编剧修改，但它能够在创作初期提供一定的灵感。例如，Open AI的GPT模型被用于生成台词或情节，帮助编剧更快速地找到故事方向。

此外，一些影视公司还使用AI分析成功影片的剧情结构，从中提取出观众喜欢的故事元素，为新作品的创作提供建议。虽然目前AI并不能替代编剧，但已成为编剧创作过程中的有力助手。

5. 视频增强与老电影修复

AI的图像增强技术可以应用于影片修复和高清化升级。例如，使用AI的超分辨率算法可以将老电影的低分辨率视频画质提升至高清或4K，从而达到更清晰的观影效果。此外，AI还能在保留影片原有艺术风格的基础上，对黑白影片进行上色，为观众重现经典之作。此技术目前已广泛用于流媒体平台对其老电影库的更新，以迎合观众的观影需求。

6. AI语音合成与配音优化

AI在语音合成方面的应用正逐步改变影视中的配音方式。AI语音合成可以模仿演员声音合成高度自然的语音，适用于续集或重制版的角色配音。在多语言影视项目中，AI可以通过语音识别和语音合成技术进行自动翻译和配音，甚至实现口型同步，提升了外语配音的效果。例如，在电影《流浪地球2》中，演员李雪健的声音就是经AI修复后的。

5.1.3　音乐创作

AI在音乐创作方面也展现出了巨大的潜力，它可以通过分析大量的音乐作品，学习不同的音乐风格和旋律模式，创作出新的音乐作品。AI推动了音乐创作流程的创新，降低了音乐创作的门槛，丰富了音乐表达的方式。

1. AI辅助作曲与旋律生成

AI可以根据用户提供的音乐风格、情感主题等信息自动生成旋律与和声。例如，一些音乐创作软件可以通过分析用户输入的歌词等信息，自动为其配上旋律与和声，生成新的音乐。

网易云音乐已经设立了收听AI创作的音乐的频道，QQ音乐等平台也推出了一些AI音乐创作工具。AI辅助生成的旋律既可以用作音乐人创作的灵感来源，也可以直接作为作品的一部分进行发布。图5-4所示为网易云音乐App界面，图5-5所示为QQ音乐App界面。

图5-4 网易云音乐App界面 　　图5-5 QQ音乐App界面

2. 跨文化音乐创作与多风格融合

AI还能促进不同风格音乐的融合，为音乐创作带来跨文化的创新。例如，一些AI算法通过学习中国传统音乐的旋律和节奏特点，将其与流行、电子音乐等现代风格融合。通过AI，音乐人可以自由尝试不同风格，创作出既具有传统特色又符合现代审美的新作品。

5.1.4 沉浸式场景体验

AI在沉浸式场景体验中的应用，为虚拟现实（Virtual Reality，VR）、增强现实（Augmented Reality，AR）、沉浸式文旅和艺术展览等多个领域带来了深度的变革。通过AI的智能化场景生成、自然语言处理等功能，沉浸式体验的表现力和互动性得到了大幅提升。

AI结合VR、AR等技术，可以对历史场景进行高度还原。游客可以通过佩戴相关的设备，如VR眼镜、AR头盔等，仿佛穿越时空，亲身感受历史事件的发生场景、古人的生活场景等。例如，虚拟数字绘画展《韩熙载夜宴图》通过AI和VR设备的结合，使游客仿佛置身于南唐时期的夜宴之中，与画中的人物进行互动和交流，如图5-6所示。这种沉浸式的体验方式不仅让游客更加深入地了解了这幅传世名画的历史和文化背景，还让游客获得了前所未有的视觉享受。

图5-6 《韩熙载夜宴图》AI沉浸式体验展

在艺术展览领域，AI丰富了艺术作品的呈现形式。例如，在上海世博会博物馆的"幻境浮世绘"展览中，基于AI建模创作的数字多媒体作品《无尽幻变》（见图5-7）让观众沉浸在物质迷人的蜕变中，物质从固态到液态，再到气态，最终转变为神秘的等离子态。该作品将物质的结构转化为动态的光的雕塑，在和谐的秩序与失衡的深渊之间优雅地振荡，使观众仿佛置身于一个虚拟却又无比真实的奇妙空间中。

图5-7   数字多媒体作品《无尽幻变》

5.2   人工智能与医疗健康

随着人工智能技术的飞速发展，其在医疗领域的应用也日益广泛和深入。"AI+医疗"不仅提高了医生诊断疾病的准确性和效率，还推动了医疗技术的创新和进步。

5.2.1   诊疗辅助

诊疗辅助作为AI与医疗结合的重要分支，通过深度挖掘医疗数据、精准分析病情特征，为医生提供了便捷的决策支持，提升了医疗服务的效率与质量。AI在诊疗辅助中的应用主要体现在以下几个方面。

1. 智能分诊与导诊

智能分诊与导诊是指利用AI，对患者的症状、体征等信息进行自动分析和处理，从而实现对疾病的初步评估和分类。其原理主要基于自然语言处理、机器学习等先进技术，通过训练大量的医疗数据，使模型能够准确理解患者的描述，并给出相应的诊疗建议。

智能分诊与导诊在医疗领域的应用场景十分广泛。在问诊过程中，患者可能会遇到不知道如何描述自己病情的情况。智能分诊系统可以通过对患者病情的分析，为患者提供精准的科室推荐。在一些大型医疗机构中，问诊者的数量众多。智能分诊系统可以根据患者的症状描述快速判断患者的病情紧急程度，并将其引导至合适的科室或医生处就诊，提高医院的分诊效率，避免患者挂错号或延误治疗。

随着在线医疗服务的普及，越来越多的患者选择通过在线平台咨询医生。智能分诊系统可以为患者提供初步的问诊服务，根据患者的描述对病情进行初步判断并给出相应的诊疗建议，为患者提供更为便捷和高效的医疗服务，如图5-8所示。

2. 治疗方案推荐

AI可以根据患者的个体特征，如年龄、性别、基因信息、病史等，结合大量的临床数据和医学知识，为患者制定个性化的治疗方案。例如，对于癌症患者，AI可以根据其肿瘤的类型、分期、基因突变情况等，推荐最适合的治疗方法，如手术、化疗、放疗、靶向治疗等。

图5-8 "左手医生"开放平台智能导诊界面

在治疗过程中,AI可以根据患者的治疗反应和病情变化,预测治疗的效果。这有助于医生及时调整治疗方案,提高治疗的成功率。例如,对于接受药物治疗的患者,AI可以分析患者的药物代谢情况、身体对药物的反应等,预测药物的疗效和可能引发的不良反应。

3. 手术辅助

对于复杂的手术,AI可以通过对患者的影像数据进行三维建模和分析,帮助医生制定详细的手术规划。医生可以在虚拟的三维模型上模拟手术过程,预测手术的难度和风险,确定最佳的手术路径和切口位置。例如,在脑部手术中,AI可以帮助医生准确地定位病变部位,避开重要的神经和血管,提高手术的安全性和成功率。

一些先进的手术机器人系统配备了AI,可以实现更精确的手术操作。手术机器人可以根据医生的指令,自动完成一些精细的手术动作,如缝合、切割等。同时,AI还可以对手术过程中的数据进行实时监测和分析,及时发现手术中的异常情况,为医生提供预警和建议。

4. AI赋能CDSS

AI赋予了临床决策支持系统(Clinical Decision Support System,CDSS)强大的数据处理和分析能力,使CDSS能够更准确地理解患者的病情,并提供针对性的治疗建议。CDSS是一种运用相关的、系统的临床知识与患者基本信息及其病情信息,协助医生进行医疗相关决策与行动的计算机应用系统。

如今,在AI的辅助支持下,CDSS已经实现全流程覆盖,涵盖患者从门诊就诊或入院,到后续治疗、手术、康复,直至出院、随访、复诊的每一个环节。AI在患者入院前辅助询问患者情况、诊间推荐诊断方案、治疗时给出治疗方案建议、康复期制订运动和饮食计划等方面都发挥了积极作用,切实提升了医院的整体医疗质量,也使病人对医疗流程和医院的认可度都得到了增强。

5.2.2 智能药物研发

AI制药是AI在医疗领域的一个新兴应用。通过深度学习等技术,AI可以对药物的结构和活性进行预测和优化,加速新药的研发进程。AI制药不仅可以缩短新药的研发周期,降低研发成本，还可以提高新药的有效性和安全性。AI制药已被广泛应用于新药发现、药物结构优化、药物代谢预测等多个环节。

1. 新药发现

AI可以通过分析大量化合物数据，筛选出具有潜在药效的化合物。例如，晶泰科技利用AI构建了一个智能实验室，用自动化实验流程取代了大量传统人工操作，显著提升了实验的精确度和标准化水平。借助自动化实验生成的海量高质量数据，AI算法能够在庞大的化学物质数据库中高效搜索，精准识别潜在的药物分子结构，加速新药的设计与发现过程。

2. 药物结构优化

AI可以通过模拟药物与靶点的相互作用，优化药物结构。例如，中山大学杨跃东教授团队利用AI，通过模拟药物与靶点的相互作用，对双靶点药物结构进行了优化。他们开发了一种名为AIxFuse的方法，该方法结合强化学习和主动学习，成功设计了针对糖原合成酶激酶-3β（Glycogen Synthase Kinase-3β，GSK-3β）和c-Jun氨基末端激酶3（c-Jun N-terminal kinase 3，JNK3）的双靶标抑制剂。经过优化，生成的分子在双靶点对接打分上表现优异，并满足已知的构效关系，为新药研发提供了有力支持。

3. 药物代谢预测

AI可以通过预测药物的代谢和排泄过程，评估药物的安全性和有效性。例如，华为云利用AI推出了药物研发辅助平台和盘古药物分子大模型，该模型能够基于海量数据预测药物的代谢和排泄过程，从而评估新药的安全性和有效性。通过预测药物在体内的代谢途径、代谢速率及排泄方式等信息，研发人员可以对药物进行优化，加速研发进程，并提高药物质量。

5.2.3　影像识别

AI医疗影像识别技术是AI在医疗领域中最成熟、应用最广泛的技术之一。通过深度学习等技术，AI能够对医学影像进行自动分析和解读，辅助医生进行疾病的诊断和治疗，如图5-9所示。AI医疗影像识别技术不仅可以提高诊断的准确性和效率，还能减少人为因素的干扰，降低漏诊和误诊的风险。

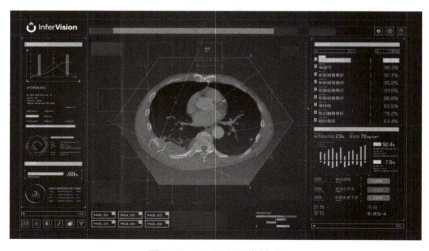

图5-9　AI医疗影像技术

目前，AI医疗影像识别技术已被广泛应用于肺部、心血管、眼科等多个领域的疾病诊断中。例如，AI可以通过分析肺部CT影像，准确识别肺结节，并评估其良恶性；在心血管领域，AI可以辅助医生进行冠脉狭窄程度的评估，为手术治疗提供重要参考；在眼科领域，AI可以自动筛查眼底疾病，如青光眼、糖尿病视网膜病变等。

5.2.4　健康管理

AI在医疗健康领域中的应用不仅局限于疾病诊断和治疗，还可以扩展到慢性病管理、健康管理等领域。通过持续监测患者的健康状况和医疗数据，AI可以为患者提供个性化的健康管理建议，帮助患者预防疾病，控制病情，提升生活质量。

具体而言，AI可以根据患者的生活方式、家族病史、基因信息等因素，预测患者患某些疾病的风险。例如，对于心血管疾病，AI可以分析患者的血压、血脂、血糖等指标，结合年龄、性别、吸烟史等因素，评估患者未来发生心血管疾病的风险，并提供相应的预防建议。在传染病防控方面，AI可以对疫情数据进行实时监测和分析，预测传染病的传播趋势和流行范围，为公共卫生部门提供预警信息和防控建议。

5.2.5　医疗机器人

AI医疗机器人是AI在医疗领域的又一重要应用，它们可以在手术、康复等多个环节中发挥重要作用，如图5-10所示。例如，在康复过程中，AI医疗机器人可以为患者提供个性化的康复训练方案，帮助患者恢复机体功能，提高患者的恢复效率和质量。此外，AI医疗机器人还可以用于执行药品配送、医疗废弃物处理等工作，减轻医护人员的工作负担，提高医院的工作效率。

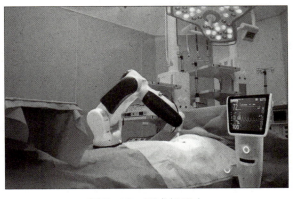

图5-10　手术机器人

我国正处于医疗健康产业迅速发展的新阶段。实现全方位精准诊疗，提升医疗服务均质化程度，全面提升医疗服务水平和质量，是健康中国2030发展战略的重要目标之一。AI医疗机器人的另一个应用是手术导航机器人，手术导航机器人是实现精准、安全微创手术的核心手段。它可以辅助医生在术前精确定位病灶、规划手术方案，在术中实时追踪手术器械位置，清晰显示术野周围特征，为医生提供精准的操作引导，从而提高手术的精度和安全性，减少手术创伤和恢复时间，现已成为国际精准诊疗的前沿热点。

编者所带领的团队也在手术导航领域进行不断创新，提出了多模态图像引导的手术导航技术，多模态图像引导手术导航具有创伤小、疗效好、恢复快、费用低、可重复等优点，可实现微小切口下的良好疗效，并降低手术的并发症，因而成为21世纪极具前景的微创治疗方法之一。

拓展阅读

手术导航
机器人

5.3   人工智能与经济金融

经济金融行业是人工智能应用渗透率最高的行业之一，在经济金融领域，人工智能正迅速改变客户服务、投资管理和风险控制等方面的操作模式。智能客服、智能投顾、智能风控等技术的出现，使经济金融领域的效率与安全性得到了大幅度的提高，同时也为客户提供了更加便捷的服务。

5.3.1   智能客服

智能客服是AI在经济金融领域的主要应用之一，其能够通过自然语言处理技术为客户提供自动化的客户支持服务。

AI客服不仅可以解答客户的常见问题，还能处理简单的账户事务，能够给客户带来"便捷"的体验。AI客服的应用不仅可以提升客户服务的效率和质量，还可以降低企业的运营成本。例如，AI客服可以针对高频次、高重复率的问题进行快速解答，缓解企业的运营压力。同时，AI客服通过对客户的提问进行统计和分析，还能让企业了解服务动向并把握客户需求，为舆情监控及业务分析提供支撑，AI客服的主要功能如下。

1. 自动化客户支持

AI客服具备7×24小时（即全周不间断）在线服务的能力，无论何时何地，客户都能随时与它进行交互，及时获取所需信息，这极大地提升了客户服务的时效性和便利性。例如，众多银行App的AI客服，在深夜或凌晨等非人工客服工作时间，依然可以迅速回答客户关于账户余额查询、交易明细查询等常见问题。

2. 理解客户意图

AI客服具备强大的多轮对话能力，可以与客户进行持续交互。借助自然语言处理技术，AI客服能够准确解析客户输入的内容，识别其真正意图。即使客户表述模糊或存在歧义，AI客服也能通过上下文理解客户的需求，为客户提供连贯、准确的回答。

例如，客户询问"我想了解一下最近有什么好的理财产品"，对于客户这种模糊的表述（理财产品有很多类别，包括基金等产品），AI客服能够识别出客户的意图是获取热门基金推荐，并进一步询问客户的风险承受能力、投资期限等关键信息，以便为客户提供更精准的产品推荐。在客户咨询贷款业务时，AI客服可以先询问客户的贷款用途、金额需求和还款能力等基本信息，根据客户的回答进一步追问详细情况，如收入来源、是否有抵押物等，逐步引导客户完成整个贷款咨询流程。

3. 提供专业金融知识解答

AI客服通过深度学习海量的金融知识和市场数据，能够掌握各类金融产品（如股票、基金、债券、保险等）的特点、收益、风险等信息，进而能够专业、准确地回答客户关于金融产品的疑问，帮助客户做出合理的投资决策。例如，当客户询问某股票的基本情况时，AI客服可以迅速提供该股票所属公司的财务数据、行业竞争地位等详细信息。

4. 提供个性化服务

依据客户的历史交易记录、浏览行为、偏好设置等数据，AI客服可以为每个客户量身定制服务方案，提供个性化的产品推荐和投资建议，满足不同客户的多样化需求，提升客户的满意度和忠诚度。例如，如果客户经常购买稳健型基金，AI客服会优先向其推荐类似风险收益特征的新基金产品。

根据客户的性格特点和沟通风格，AI客服可以调整自身的交互方式。如果客户表现出比较急切的情绪，AI客服会以简洁明了的方式快速提供关键信息；对于喜欢详细了解产品细节的客户，AI客服则会提供更深入、更全面的产品介绍和分析，为客户提供定制化的服务，增强客户与企业之间的互动和情感联系。

5. 高效处理多个任务

AI客服可以同时处理大量客户的咨询请求，在高并发场景下也能保持稳定的服务性能，快速响应每个客户，有效解决人工客服处理咨询时客户排队等待时间长、客服响应慢的问题，大大提高了服务效率。例如，在市场波动较大时，大量投资者同时咨询相关问题，AI客服能够迅速给出解答，避免客户产生焦虑情绪。

6. 辅助人工客服提升服务质量

在人工客服与客户对话过程中，AI客服可以实时提供辅助信息，如相关产品知识、常见问题解答、话术建议等，帮助人工客服更好地回答客户的问题，提升服务的专业性和准确性。同时，AI客服还能对人工客服的服务进行质量监控，及时发现问题并提出改进建议，促进整体服务水平的提升。例如，当人工客服遇到复杂问题时，AI客服可以快速检索知识库，为人工客服提供参考资料。

7. 多渠道服务整合与适配

AI客服可以集成到企业的网站、手机App、微信公众号等多个渠道，为客户提供多个服务入口。客户可以在不同渠道之间自由切换，与AI客服进行无缝对接，无需重复描述问题。例如，客户在手机App上开始咨询一个投资问题，中途切换到微信公众号继续提问，AI客服能够识别客户身份，继续之前的对话流程，为客户提供连贯、一致的服务，提高客户的满意度。

针对不同渠道的特点和客户的行为习惯，AI客服还能调整其交互方式和展示界面。在手机App上，AI客服可能采用简洁明了的卡片式布局和语音交互功能，方便客户在移动场景下快速获取信息；而在网站上，AI客服则能够提供更详细的图文并茂的解答和引导式操作流程。通过优化渠道适配，AI客服能够更好地满足客户在不同渠道的需求，提升客户服务的质量和效果。

5.3.2　智能投顾

智能投顾（智能投资顾问）是AI与金融投资结合的产物，它通过利用大数据分析、机器学习算法等技术手段，根据客户的财务状况、风险偏好、投资目标等因素，为客户提供个性化的投资建议与资产配置方案。例如，一些金融平台的智能投顾系统可以根据市场的变化趋势，帮助客户分散投资风险，实现财富的稳健增长。

智能投顾的出现不仅降低了投资的门槛，使更多投资者能够享受到专业的理财服务，还能通过自身算法模型的持续优化，进一步提高其投资决策的准确性与效率，其应用场景如下。

1. 确定风险偏好与投资目标

AI可以通过收集客户的收入、资产状况、投资经验等基本信息，以及客户在平台上的行为数据（如交易记录、浏览记录、咨询记录等）获取大量关于客户的信息。基于收集到的数据，AI会自动对客户的风险偏好进行评估。例如，AI通过分析客户过去的投资行为，判断其是保守型、稳健型还是激进型的投资者，这有助于为客户提供更符合其风险承受能力的投资建议，如图5-11所示。

此外，AI还可以根据客户的财务状况、人生阶段（如是否准备购房、子女教育、退休等）等因素，确定客户的投资目标。例如，对于即将退休的客户，投资目标可能是在保证资金安全的前提下获取稳定的收益，以满足退休后的生活需求。

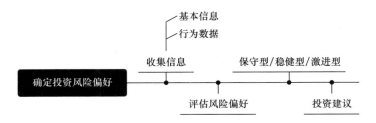

图5-11　AI确定客户投资风险偏好的流程

2. 投资策略制定与投资组合推荐

AI可以运用大数据技术收集和分析海量的市场数据，包括股票价格、债券收益率、宏观经济数据、行业动态等。通过对这些数据的深度学习和模型训练，AI可以对市场趋势进行预测，如预测股票市场的涨跌、利率的变化等，从而为投资策略的制定提供依据。

AI可以根据用户的风险偏好和投资目标，在不同的资产类别（如股票、债券、基金、房地产等）之间进行优化配置。例如，对于风险偏好较低的客户，AI可能会建议较高比例的债券和现金配置；对于风险偏好较高的客户，AI可能会建议增加股票的配置比例。同时，AI还会根据市场情况动态调整资产配置，以实现风险分散和收益最大化。

基于市场分析和资产配置模型，AI可以为客户推荐具体的投资组合。这些投资组合包括不同的基金、股票组合、ETF（交易所交易基金，一种在交易所上市交易的、基金份额可变的开放式基金）等。例如，AI可以根据客户的需求和市场情况，推荐一个由低风险债券基金和高成长股票组成的投资组合，AI制定投资策略与推荐投资组合的流程如图5-12所示。

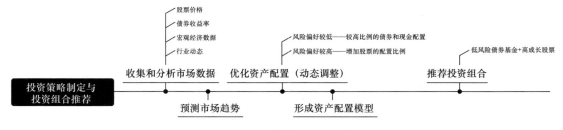

图5-12　AI制定投资策略与推荐投资组合的流程

3. 交易执行与监控

在客户授权的情况下，AI可以自动执行交易指令。当市场条件符合预设的交易策略时，AI会自动下单进行买卖操作，提高交易的效率和及时性，避免人工操作可能带来的延迟和错误。例如，当某个股票的价格达到预设的买入价格时，AI会自动买入该股票。

AI可以对投资组合进行实时监控，跟踪资产的价格变化、市场波动等情况。当投资组合的风险状况发生变化，或者市场出现重大事件可能影响投资组合的价值时，AI 会及时发出预警，提醒客户进行调整。例如，如果某个股票的价格突然大幅下跌，AI 会立即通知客户，并建议客户卖出该股票，以降低损失。

5.3.3　智能风控

智能风控是金融行业风险管理领域的一次革命性变革。借助 AI 技术，金融机构能够实现对风险因素的实时监测与预警，有效提升风险防控的精准度与及时性。在信贷审批、反欺诈、异常交易监测等场景中，智能风控系统能够自动挖掘并分析海量数据，识别潜在风险点，为金融机构提供强大的风险防控支持，其在金融业务中的具体应用如下。

1. 信用评估与风险管理

传统的信用评估主要是依据客户的基本信息、财务数据等有限的指标来判断其信用状况，而 AI 可以整合多源数据，并利用机器学习算法对这些数据进行深度分析，从而更全面、更准确地评估客户的信用风险。例如，AI 通过分析客户的消费行为模式，可以判断客户的消费习惯是否稳定，是否存在过度消费或异常消费行为，进而为信用评分提供更有力的依据。

在贷款业务中，AI 可以根据大量的历史贷款数据和还款记录，建立风险预测模型。该模型能够预测借款人未来违约的可能性，帮助金融机构在贷款审批环节做出更明智的决策。例如，对于一些申请贷款的企业，AI 可以分析其财务报表、经营状况、行业趋势等因素，评估企业的还款能力和潜在风险，降低不良贷款的发生率。

2. 投资风险管理

AI 可以通过对市场数据和投资组合数据的分析（如计算投资组合的波动率、最大回撤等风险指标），对投资风险进行评估和量化，进而帮助客户了解投资组合的风险水平。同时，AI 还可以识别投资组合中的潜在风险因素，如行业集中风险、市场系统性风险等。

根据风险评估的结果，AI 可以提供风险控制的建议和策略。例如，当投资组合的风险超过客户的承受能力时，AI 会建议客户调整资产配置，降低高风险资产的比例，增加低风险资产的配置，如图 5-13 所示。

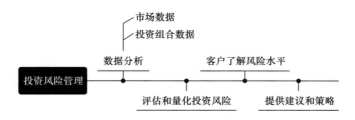

图 5-13　AI 进行投资风险管理的流程

3. 欺诈检测与防范

AI 能够实时监测金融交易数据，识别异常交易行为。AI 可以通过对交易金额、交易时间、交易地点、交易环境、交易频率等多个维度的分析，发现与正常交易模式不符的异常情况。例如，突然出现的大额交易、频繁的异地交易、夜间的异常交易、收款方状态异常等都可能是潜在的欺诈行为。一旦发现异常，AI 会立即发出预警，以便客户或金融机构及时进行调查和处理，如图 5-14 所示。

图5-14　支出申请风险提示

欠诈行为往往具有一定的模式和规律，AI可以通过对大量历史欺诈案例的学习，识别出潜在的欺诈模式。对于团伙欺诈行为，AI能够利用图算法等技术，分析交易双方或多方之间的关联关系，发现隐藏的欺诈团伙。例如，AI通过构建交易关系网络，分析节点之间的连接和行为特征，找出异常的关联交易和潜在的欺诈团伙。

在金融交易中，准确的身份验证是防范欺诈的重要环节。AI可以结合生物识别技术，如人脸识别、指纹识别、虹膜识别等，对客户的身份进行快速、准确的验证。同时，AI还可以通过分析客户的行为特征、操作习惯、支付环境等，对身份进行进一步的确认，防止身份冒用和欺诈行为的发生。

4. 市场风险预测与管理

AI可以对海量的金融市场数据进行实时分析，包括股票价格、汇率波动、利率变化等，挖掘出数据中的潜在规律和趋势。通过对市场趋势的准确预测，金融机构可以及时调整投资组合和风险管理策略，降低市场风险对资产的影响。例如，金融机构用历史市场数据来训练AI模型，以预测未来一段时间内股票市场的走势，为投资决策提供参考。

5.3.4　智能支付

在支付领域，AI带来了生物识别和无接触支付的创新，如"刷脸支付"技术，这一AI驱动的支付方式能够实现对客户身份的快速验证与支付授权，极大地提升了支付的便捷性与安全性。在移动支付场景中，智能支付已成为人们日常生活中不可或缺的一部分，如图5-15所示。

1. 身份识别与验证

AI运用先进的人脸识别技术，通过摄像头采集客户的面部特征，与数据库中预存的信息进行精准比对，可以实现快速、安全的身份验

图5-15　"刷脸支付"实现无接触支付

证。例如，在移动支付应用中，客户在进行支付操作时，只需面向手机摄像头进行短暂的面部识别，AI即可在瞬间完成身份确认，确保支付请求来自合法客户，有效防止身份被盗用。

借助指纹识别技术，AI智能设备能够准确读取客户指纹的细节特征，将其转化为独一无二的数字密码进行身份识别。在指纹支付场景中，客户只需轻触传感器，AI就可以迅速比对指纹信息，确认客户身份后完成支付授权。这种方式既方便又快捷，指纹的独特性还为支付的安全性提供了坚实的保障。

2. 风险评估与管理

AI算法通过对海量交易数据的深度分析，包括交易金额、交易时间、交易地点、交易频率等多维度信息，能够构建复杂的风险评估模型。例如，当一笔交易金额超出客户日常消费习惯的正常范围，且交易地点为异地时，AI会自动将该交易标记为高风险，触发进一步的身份验证或风险预警机制，进而防范欺诈交易的发生。

基于机器学习模型，AI可以持续学习和适应不断变化的欺诈模式，不断优化风险评估模型。AI能够识别出新型的欺诈手段，如通过分析一系列看似正常但实则存在关联的小额交易，发现潜在的欺诈行为，及时调整风险评估参数，提升其对复杂欺诈场景的识别能力，为客户的支付安全保驾护航。

3. 支付流程优化

AI技术通过智能预测客户需求，可以提前准备好客户支付所需的信息，简化支付步骤。例如，在电商购物场景中，AI根据客户的购物车内容和历史购买习惯，自动选择合适的支付方式，填写收货地址等信息，客户只需确认支付即可，这样可以有效提升支付效率。

AI可以利用智能路由技术，根据网络状况、支付通道的实时负载和费用等因素，自动选择最优的支付路径。在跨境支付场景中，AI可以快速比较不同银行和支付机构的汇率、手续费和处理时间，为客户选择最经济、高效的支付通道，降低客户的支付成本，提高支付成功率。

4. 安全与合规保障

AI能够实时监控支付系统的运行状态，检测并防范网络攻击、数据泄露等安全威胁。例如，AI可以识别出异常的网络流量模式，及时发现并阻止黑客试图入侵支付系统的行为；同时，AI通过加密技术和数据脱敏处理，保护客户的支付信息安全，确保支付数据在传输和存储过程中的保密性、完整性和可用性。

在合规管理方面，AI能够自动检查支付交易是否符合相关法律法规和行业标准，如反洗钱法规、消费者保护法规等。AI能够对交易数据进行深度分析，识别出可疑的交易模式，如大额资金频繁转移、与高风险地区或行业的交易往来等，及时向监管机构报告，确保支付业务在合法合规的框架内运行。

5.3.5　智能理赔

智能理赔是保险行业理赔流程的一次智能化升级。借助AI技术，保险公司能够实现对理赔案件的快速处理与精准定损。通过图像识别、自然语言处理等技术手段，智能理赔系统能够自动分析理赔材料，识别并提取关键信息，为保险公司提供高效、准确的理赔服务。智能理赔的要点如图5-16所示。

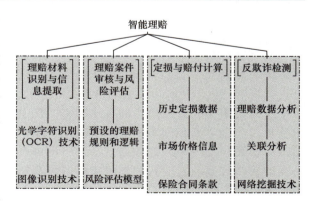

图 5-16　智能理赔的要点

1. 理赔材料识别与信息提取

AI可以利用光学字符识别（Optical Character Recognition，OCR）技术，对

理赔申请中的各种文档，如病历、诊断证明、发票、保单等进行文字识别和信息提取。无论是手写的病历，还是打印的票据，AI都可以快速、准确地将文字内容转化为可编辑的电子数据，减少人工录入的工作量、降低错误率。例如，在健康险理赔中，AI可以迅速识别医疗单据上的患者信息、诊断结果、治疗项目、费用明细等关键信息。

对于一些包含图像的理赔材料，如车辆事故的现场照片、受损物品的照片等，AI可以通过图像识别技术分析图像中的内容，判断事故的类型、受损的程度等。例如，在车险理赔中，AI可以识别车辆的品牌、型号、受损部位、碰撞痕迹等信息，为定损提供依据。

2. 理赔案件审核与风险评估

AI可以基于预设的理赔规则和逻辑，对提取的理赔信息进行自动审核。例如，根据保险条款、赔付限额、免赔额等规则，判断理赔申请是否符合条件。同时，AI还可以对理赔案件中的异常情况进行预警，如高额理赔、频繁理赔、与历史理赔模式不符等，提示可能存在的欺诈风险。

通过对大量历史理赔数据的学习和分析，AI能够建立相应的风险评估模型。该模型可以根据理赔申请人的个人信息、保险历史、理赔记录等因素，综合评估每个理赔案件的风险等级。对于高风险的案件，AI可以自动进行更严格的审核或进一步的调查。

3. 定损与赔付计算

在财产险理赔中，AI可以根据理赔材料中的信息和图像，结合历史定损数据和市场价格信息，对受损财产的价值进行评估和定损。例如，在房屋保险理赔中，AI可以根据房屋的受损情况、建筑材料、市场价格等因素，计算出合理的维修费用或赔偿金额。

根据保险合同的条款和定损结果，AI可以自动计算出应赔付的金额。在计算过程中，AI可以考虑各种复杂的因素，如保险责任的范围、免赔额、赔付比例等，确保赔付计算的准确性和公正性。

4. 反欺诈检测

AI可以通过对大量理赔数据的分析，识别出潜在的欺诈模式和异常行为。例如，某些地区或人群的理赔频率异常高、理赔金额与实际损失不符、理赔材料存在伪造或篡改的痕迹等。一旦发现异常，AI可以自动进行预警，提醒保险公司进行进一步的调查。

AI还可以利用关联分析和网络挖掘技术，分析理赔申请人之间的关系、理赔申请人与其他相关方的关系等，进而挖掘可能存在的团伙欺诈行为。例如，多个申请人在同一时间段内提交了相似的理赔申请，或者申请人与其他相关方存在不正当的利益关系等。

5.3.6   智能营销

智能营销是AI在营销领域的创新应用，它利用大数据分析和AI，对客户的行为和偏好进行精准分析，并制定相应的营销策略。

智能营销能够覆盖更多的客户群体，提供个性化、精准化的营销服务。例如，金融机构通过分析客户的交易和消费数据，可以为客户推荐符合其需求的金融产品和服务；通过分析客户的网络浏览数据，金融机构可以了解客户的兴趣和需求，从而制定更具针对性的营销方案。智能营销不仅能够提高营销效率，降低营销成本，还能通过精准推送满足客户的个性化需求，提升客户满意度和整体效益。

AI在营销中的应用环节如图5-17所示。

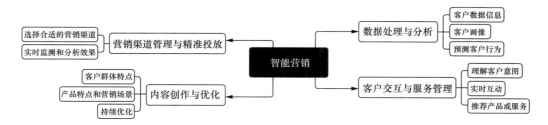

图5-17　AI在营销中的应用环节

1. 数据处理与分析环节

AI能够整合多渠道的海量数据,包括客户基本信息、浏览历史、购买行为、社交媒体互动等各类数据,构建全面且细致的客户画像。例如,AI可以将电商平台上的购买记录、浏览商品的时长和频率,以及在社交媒体上对相关产品的点赞、评论等行为数据进行综合分析,精准地描绘出每个客户的兴趣偏好、消费能力和需求特征。

AI能够运用先进的机器学习算法,挖掘数据中的潜在模式和关联,预测客户未来的购买倾向和行为轨迹。例如,通过分析客户在过去几个月内的购买时间和品类偏好,AI可以预测客户下一次可能购买产品的时间和品类,帮助企业提前做好营销准备。

2. 客户交互与服务管理环节

基于AI技术的智能客服系统和聊天机器人在客户交互与服务中发挥着重要的作用。它们借助自然语言处理技术,能够深入理解客户的咨询意图,无论是常见问题还是复杂问题,都能快速、准确地提供解答和建议。这不仅可以大大缩短客户的等待时间,还可以进一步提高客户满意度。

在客户服务方面,智能客服系统能够迅速检索知识库,以清晰易懂的语言为客户提供详细的产品使用说明或其他所需信息。而聊天机器人则能够在社交媒体和网站上与客户进行实时互动,主动发起对话,收集客户反馈,解答疑问,并根据客户的提问和需求,运用预先训练的模型生成自然流畅的回答,增强客户的参与感和忠诚度。

此外,AI在销售支持与客户关系管理中也发挥着不可或缺的作用。当销售人员与客户沟通时,AI可以实时分析客户的问题和关注点,为销售人员提供有针对性的产品资料和解决方案,从而提高销售的成功率。同时,AI还能通过分析客户的历史购买记录和互动行为,识别客户的价值和忠诚度,为高价值客户提供个性化的服务和优惠,如专属折扣或生日福利等,以增强客户的黏性,提高客户的复购率。

3. 内容创作与优化环节

AI能够依据不同客户群体的特点和喜好,自动生成个性化的营销文案、图像、视频等内容。在文案创作方面,AI可以根据目标受众的语言风格和兴趣点,生成吸引人的标题和正文;在图像和视频生成中,AI能够根据产品特点和营销场景,创造出具有视觉冲击力的素材。例如,对于年轻时尚的消费群体,AI生成的广告文案可能采用潮流用语和活泼的表达方式,同时搭配充满创意和时尚感的图像或视频。

AI还可以对营销内容进行持续优化,提高内容的吸引力。例如,AI可以同时测试两个不同的文案标题,分析哪个标题的点击率更高,然后根据测试结果对后续的文案标题进行优化调整。

4. 营销渠道管理与精准投放环节

AI能够根据客户画像和行为数据，精准选择合适的营销渠道，将个性化的内容推送给目标客户。例如，如果AI通过分析发现某客户经常在移动端浏览社交媒体，且对时尚类内容感兴趣，那么企业可以通过社交媒体平台向该客户推送时尚产品的广告和信息。

AI可以实时监测和分析营销渠道的效果，并根据数据反馈及时调整投放策略，优化资源分配。例如，如果某广告在某个渠道的点击率低于预期，AI可以自动减少在该渠道的投放预算，并将资源转移到效果更好的渠道上。

5.3.7　智能投研

智能投研是AI在金融投资研究领域的应用，它利用机器学习、知识图谱等技术，对投资信息进行智能抓取、处理和分析。智能投研能够构建百万级数据的知识图谱体系并生成研究报告，解决传统投研流程中数据获取不及时、研究稳定性差、报告呈现时间长等问题。智能投研的应用不仅提升了投资研究的精准性和效率，还为金融机构的投资决策提供了有力支持。AI在投资研究中的应用环节如图5-18所示。

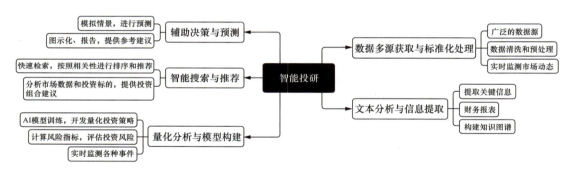

图5-18　AI在投资研究中的应用环节

1. 数据多源获取与标准化处理

AI能够从广泛的数据源收集信息，包括传统金融数据（如股票交易数据、财务报表等）、爬虫数据（从网页上抓取的相关新闻、评论、公司公告等）及另类数据（如卫星图像、社交媒体数据、传感器数据等）。这些丰富的数据可以为投资研究提供更全面的视角，帮助投研人员发现传统数据之外的潜在信息和趋势。

收集到的大量数据往往存在数据有噪声、缺失值和数据不一致等问题，AI可以自动对数据进行清洗和预处理，去除异常数据，填充缺失值，并将数据标准化，以便后续的分析和建模。例如，AI通过对历史财务数据的清洗和整理，能够更准确地分析公司的财务状况和发展趋势。

金融市场信息瞬息万变，AI可以实时监测市场动态，包括股票价格波动、宏观经济数据发布、政策变化等，并及时将这些信息反馈给投研人员。这样可以帮助投资者更快地做出反应，抓住投资机会或规避风险。

2. 文本分析与信息提取

AI可以利用自然语言处理技术对大量的新闻文章、公司公告、研究报告等文本进行分析，提取关键信息。例如，AI通过对新闻中关于某家公司的正面或负面报道进行情感分析，能够评估该公司的市场声誉和潜在风险。

　　财务报表是投资研究的重要依据，但财务报表中的数据和信息往往复杂且繁多。AI可以快速解读财务报表，提取重要的财务指标，计算比率，并进行横向和纵向的比较分析。同时，AI还可以识别财务报表中的异常数据和潜在的财务风险，为投资决策提供支持。

　　基于文本分析的结果，AI可以构建知识图谱，将不同的实体（如行业、公司、人物等）及其之间的关系进行可视化展示，如图5-19所示。这有助于投研人员更直观地理解投资标的之间的关联，发现潜在的投资机会或风险传递路径。

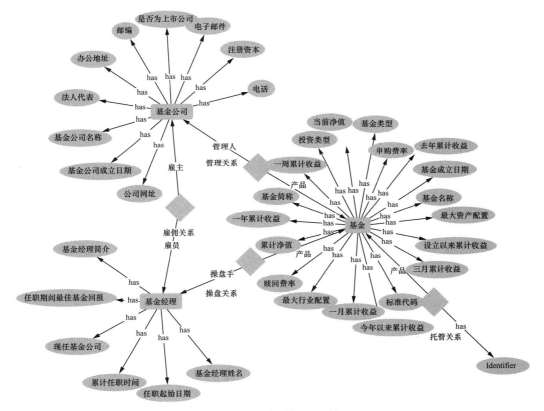

图5-19　金融知识图谱

3. 量化分析与模型构建

　　AI可以通过对历史数据的学习和分析，开发各种量化投资策略。例如，投研人员用股票价格、成交量、市场指数等数据来进行AI训练，预测股票的未来走势，从而制定相应的买入、卖出策略。此外，投研人员还可以基于多因子模型、套利策略等传统量化方法，结合AI技术进行优化和改进。

　　准确评估投资风险是投研的重要环节。AI可以通过对大量历史数据的模拟和分析，计算投资组合的风险价值、条件风险价值等风险指标，帮助投研人员了解投资组合在不同市场情况下的潜在损失。同时，AI还可以对投资组合进行优化，降低风险暴露，提高风险调整后收益。

　　AI能够实时监测各种事件（如公司业绩发布、宏观经济事件、政策变化等），并根据事件的影响和市场反应制定相应的投资策略。例如，公司在对外发布重大利好消息后，AI可以迅速分析该消息对公司股价的影响，并及时买入相关股票。

4. 智能搜索与推荐

投研人员需要快速准确地获取相关的投资信息。AI智能搜索功能可以根据客户的需求，在海量的数据库中快速检索出相关的新闻、报告、数据等信息，并按照相关性进行排序和推荐。这大大提高了信息检索的效率，节省了投研人员的时间。

AI可以基于对市场数据和投资标的（投资人将资金投入的具体对象或项目，用于获取预期的投资回报，见图5-20）分析，为投资者推荐投资标的。例如，AI根据投资者的风险偏好、投资目标和资产配置要求，推荐适合的股票、基金、债券等投资产品。同时，AI还可以提供投资组合的建议，帮助投资者优化资产配置。

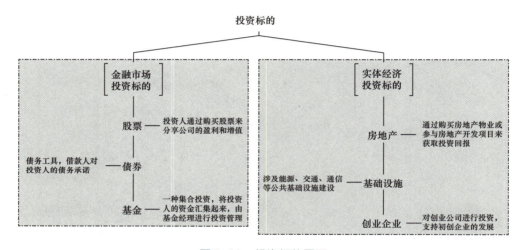

图5-20　投资标的图示

5. 辅助决策与预测

AI可以模拟不同的市场情景和事件，预测其对投资组合的影响。例如，模拟利率上升、汇率波动、行业竞争加剧等情景，分析投资组合在这些情况下的表现，为投资者制定应对策略提供参考。AI还可以将分析结果以直观的图表、报告等形式呈现给投研人员，帮助他们更好地理解市场趋势和投资机会。同时，AI还可以提供决策建议，辅助投研人员做出更明智的投资决策。需要注意的是，AI的决策建议仍然需要投研人员进行进一步的分析和判断，不能完全替代人类的决策。

5.4　人工智能与教育教学

在教育领域，人工智能的到来正以前所未有的方式重塑教学模式。人工智能不仅是教育的辅助工具，更是潜在的"教育伙伴"，它通过深度学习算法和数据分析能力，为学生规划个性化的学习路径，为教师减轻工作负担，进而促进教育资源的高效分配。

如今，人工智能已经融入教育教学的方方面面。通过赋能教育教学，人工智能可以在课堂内外创造一种无缝衔接的学习环境，帮助学生更好地掌握知识、发展能力。人工智能为未来教育的持续创新提供了无穷的可能性。

5.4.1 自动评阅

AI能够自动分析学生的作业、论文、答卷等，并给出即时反馈。这种技术不仅适用于文本类作业，还能扩展到代码、数学公式等领域的评阅，有助于教师对学生学习成果进行快速、准确的评估。

1. 客观题自动评分

选择题、判断题等客观题的评阅是AI自动评阅最基础且应用广泛的领域，AI可以快速准确地识别学生的作答选项或判断结果。通过与正确答案进行比对，AI能够立即给出相应的分数。例如，在大规模的标准化考试中，AI能够在短时间内处理大量的客观题答卷，极大地提高了评分效率。

对于填空题，AI能够通过对学生填写的内容进行文字识别和语义理解，判断其答案的正确性。对于一些有明确固定答案的填空题，如数学运算中的数值填空、语言学习中的单词或短语填空等，AI能够准确识别学生的答案是否与正确答案一致。对于答案存在多种表述方式但意思相同的情况，AI可以根据预设的规则或语义理解来判断答案的合理性，从而给出相应的分数。

2. 主观题智能评分

AI可以对学生的作文、简答题等文本内容进行语法和拼写检查。AI能够识别出文本中的语法错误，如主谓不一致、时态错误、词性误用等，以及拼写错误，并根据错误的严重程度和数量进行扣分。这有助于帮助学生提高语言表达的准确性，同时也为教师减轻了一部分批改负担。

通过运用自然语言处理技术，AI能够理解文本的语义和逻辑结构，可以分析学生答案的主题相关性、内容完整性、论述的逻辑性等方面。例如，在语文作文的评阅中，AI可以判断学生的文章是否围绕主题展开、段落之间的衔接是否自然、论证是否充分等。对于论述题，AI能够评估学生的答案是否对问题进行了全面的回答，以及答案中的观点是否具有合理性和逻辑性。

对于一些有明确要点或关键词的主观题，AI可以提取学生答案中的关键信息，并与预设的答案要点进行匹配。根据关键信息的匹配程度，AI给出相应的分数。例如，在历史、政治等学科的简答题中，教师通常会设定一些关键的知识点或观点作为评分要点，AI能够识别学生答案中是否包含这些关键信息，并据此进行评分。这种方式可以在一定程度上保证主观题评分的客观性和一致性。

此外，一些较为先进的AI评阅系统还可以对学生文本的风格和文采进行评估。例如，分析文章的语言流畅性、词汇丰富度、修辞手法的运用等。虽然这些方面的评估相对较为复杂，且不如语法和逻辑分析那么准确，但可以为教师提供更多的参考信息，帮助教师全面了解学生的写作能力。

3. 编程作业等特殊类型作业的自动评阅

在编程教学中，AI可以对学生编写的代码进行语法检查，识别代码中的语法错误、变量未定义、函数调用错误等问题。同时，AI还可以分析代码的逻辑结构，判断代码是否能够正确实现预定的功能。例如，对于一个简单的计算程序，AI可以检查代码中的运算逻辑是否正确，是否能够准确地完成计算任务。

除了语法检查和逻辑检查，AI还可以评估学生代码的风格和规范性，包括代码的缩进、变量命名、注释的使用等方面。

4. 学情分析与反馈

AI自动评阅系统能够对学生的答题情况进行全面的统计和分析，包括学生的得分情况、错题分布、答题时间等。教师可以通过这些数据了解学生对知识点的掌握程度，发现学生的薄弱环节和存在的问题，以便有针对性地进行教学调整和辅导。

基于学生的答题数据和评阅结果，AI可以为学生提供个性化的反馈和建议。例如，对于学生经常出错的知识点，AI可以推送相关的学习资料、练习题或讲解视频，以帮助学生进行针对性的学习和提高。同时，AI还可以根据学生的学习进度和能力水平，为学生制订个性化的学习计划和目标，提升学生的学习效果。

5.4.2 体育测评

AI在体育测评中的应用主要体现在动作识别和分析上。通过图像识别、传感器等技术，AI能够精确捕捉学生的运动轨迹、动作姿势等，对学生的运动技能进行量化评估。这有助于教师更准确地了解学生的运动状态，制订个性化的训练计划，提升学生的运动表现。

1. 动作姿态分析

AI通过对大量标准动作数据的学习，能够判断学生的动作是否符合规范。例如，在仰卧起坐项目中，AI可以根据学生的起身角度、手臂位置等判断动作是否标准；在投掷项目中，AI可以分析投掷的动作顺序、发力点是否正确等。

2. 成绩评判与计数

在跑步、游泳、跳远、跳高等项目中，AI可以利用传感器或图像识别技术实现精确的计时和计距。相比传统的人工计时和计距方式，AI具有更高的准确性和稳定性，减少了人为误差。例如，在短跑比赛中，AI可以进行精确到毫秒的计时；在跳远项目中，AI可以准确测量学生的跳远距离。图5-21所示为使用智慧体育系统进行跳远项目测试，图5-22所示为使用智慧体育系统进行跑步项目测试。

图5-21 使用智慧体育系统
进行跳远项目测试

图5-22 使用智慧体育系统进行跑步项目测试

对于一些主观性较强的项目，如体操、花样滑冰、武术等，AI可以作为辅助评分工具，通过对学生的动作、姿态等因素进行分析，并结合预先设定的评分标准，给出客观的评分建议。这有助于减少评委主观因素的影响，提高评分的公正性和一致性。

3. 体能评估与训练建议

AI能够综合分析学生的各项数据，如速度、力量、耐力、柔韧性等，评估其体能水平。根据学生的体能评估结果和训练目标，AI可以为其制订个性化的训练计划。例如，如果学生的爆发力不足，AI会建议学生进行针对性的力量训练；如果学生的耐力较差，AI会推荐相应的有氧训练。同时，AI还可以实时监测学生的训练过程，根据训练数据的反馈及时调整训练计划。

5.4.3　精准教学

AI能够通过收集学生的学习数据，分析学生的学习习惯、能力水平等，为每个学生提供定制化的学习路径和资源，实现精准教学。这种个性化的教学方式有助于激发学生的学习兴趣，提高学生的学习效率，实现因材施教的教育目标。

目前，已有很多平台推出了精准教学的产品。例如，科大讯飞基于"精准教学"的理念推出"智慧课堂"产品；精准学平台通过研发相应的AI大模型推出了"AI辅学机Bong"系列产品。图5-23所示为科大讯飞"智慧课堂"产品，图5-24所示为精准学平台产品。

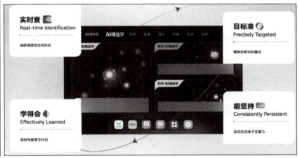

图5-23　科大讯飞"智慧课堂"产品　　　　　　图5-24　精准学平台产品

5.4.4　口语学习与听说考试

口语学习是语言学习中不可或缺的一环。传统的口语学习与评估常常因教学资源的匮乏和师生互动的不足而受到较大限制，而随着AI的发展，这一领域迎来了全新的变革。AI以其强大的语音识别、自然语言处理和大数据分析能力，为口语学习和听说考试带来了更高效、更个性化的解决方案。它不仅能够模拟真实的对话场景，提供即时反馈，还能提出科学的学习建议，帮助学生更全面地提升口语水平。

1. 口语学习

在口语学习方面，AI能够提供丰富的口语练习资源和即时反馈。通过模拟真实的对话场景，AI能够帮助学生提高口语表达能力，纠正发音错误，提升语言表达的流利度和自然度。此外，AI还能根据学生的学习进度和兴趣，推荐适合的口语学习材料，为学生提供个性化的学习体验。

（1）智能语音识别与评测

AI可以准确识别学生的口语发音，并将其与标准发音进行对比，检测出发音不准确的地方，如元音、辅音的发音错误，重音、语调的不恰当等。例如，当学生说一个英语单词时，AI能够迅速分析其发音的准确性，并给出具体的纠正建议，帮助学生不断改进发音。

在口语表达过程中，AI能够识别语法错误和不恰当的表达方式。当学生说出一个句子后，AI会分析句子的语法结构，指出其中的语法问题，如主谓不一致、时态错误等，并提供正确的语法形式。同时，对于一些不自然或不规范的表达，AI也会给出更合适的表达方式建议，帮助学生提高口语表达的准确性和流利度。

AI可以从发音准确性、语法正确性、流利度、表达连贯性等多个维度对学生的口语进行综合评测，并给出相应的分数。这有助于学生了解自己的口语水平，发现自己的优势和不足，以便有针对性地进行学习和提高。

（2）制订个性化学习计划

AI能够通过分析学生的口语基础、学习目标、学习进度等信息，了解学生的个性化需求。例如，如果学生的目标是提高商务英语口语能力，AI会重点推荐与商务场景相关的学习内容；如果学生在发音方面存在较大问题，AI会制订更多侧重于发音训练的学习计划。

根据学生的需求分析结果，AI能够为学生推荐适合的学习内容。例如，对于初学者，AI可能会推荐一些简单的日常对话练习；对于进阶学习者，AI会推荐一些专业性较强或难度较高的口语材料。

在学习过程中，AI会持续跟踪学生的学习进度和学习效果，根据学生的实际表现及时调整学习计划。如果学生在某个知识点或技能上掌握得较慢，AI会增加相关内容的学习时间和练习强度；如果学生进步较快，AI会适时提高学习内容的难度，以保持学习的挑战性和有效性。

（3）智能对话与陪练

AI可以充当虚拟的口语陪练伙伴，与学生进行日常口语对话，如图5-25所示。学生可以选择不同的场景，与AI进行模拟对话。AI会根据场景给出相应的回应，引导学生进行口语表达，帮助学生提高在不同场景的口语能力。

图5-25　Hi Echo-虚拟人口语私教（网易有道出品）

　　AI能够提供各种话题，与学生展开讨论。学生可以就自己感兴趣的话题与AI进行交流，AI会根据学生的发言进行追问、引导，帮助学生拓展思维，丰富口语表达的内容。例如，学生选择了"环境保护"这个话题，AI会询问学生对环境保护的看法、自己采取的环保行动等，进而促使学生进行思考和表达。

　　（4）丰富的学习资源整合

　　AI可以整合大量的口语素材，如电影台词、英文歌曲、演讲视频等，并对这些素材进行分类和标注。学生可以根据自己的需求和兴趣选择相应的素材进行学习，通过模仿、跟读等方式提高口语能力。

　　此外，AI可以集成各种在线口语课程和讲座，学生可以根据自己的水平和需求选择适合的课程进行学习。这些课程通常由专业的教师或语言专家教授，AI可以根据学生的学习情况为学生推荐相关的课程和讲座，帮助学生系统地学习口语知识。

2. 听说考试

　　AI技术在听说考试中的应用可以使评估过程更加科学。AI通过语音识别技术，评估学生的发音、流利度、用词等，给出具体的得分。与传统的人工评测相比，AI评测更加客观，可以减少人为因素的干扰。这样的评测系统广泛应用于外语教学中，会帮助学生精确了解自身的发音缺陷，从而更有针对性地进行练习。例如，深圳市某小学就应用了"腾讯英语君"听说考试系统（其具备多种AI技术）对学生进行英语听说模拟考试，如图5-26所示。

图5-26　深圳市某小学应用"腾讯英语君"听说考试系统进行英语听说模拟考试

5.4.5　作文评阅

　　AI在作文评阅方面的应用与自动评阅类似，但更侧重于对作文内容的深度分析和评估。AI作文评阅系统能够分析作文的结构、用词和逻辑性，给出评价和改进建议，如图5-27所示。AI不仅能够标出拼写和语法错误，还能评估文章的逻辑连贯性。AI作文评阅系统有助于让教师更专注于帮助学生提升写作能力，以及让学生在写作中发现并改正自己的不足。

图5-27　AI评阅英语作文

1. 语言基础检测

AI能够识别作文中的拼写错误，包括单词的错拼、漏拼、多拼等。例如，将"beautiful"误写成"beautifull"，AI可以快速准确地检测出来。无论是英文作文中的单词拼写错误还是中文作文中的错别字，AI都能有效识别，如中文作文中把"再接再厉"的"厉"写成"励"这种错误。AI还能检查标点符号的使用是否正确，包括标点符号的缺失、误用等。例如，在英文作文中该用逗号的地方用了句号，或者中文作文中逗号、句号、分号等使用不恰当的情况，AI都可以发现并提醒。

对于英文作文，AI可以分析句子的语法结构，检测出时态错误、语态不恰当、主谓不一致、词性误用等语法问题。例如，"I go to school yesterday."中时态使用错误，AI能够指出并给出正确的表述建议。对于中文作文，AI也能在一定程度上判断句子的语法合理性，如成分残缺、搭配不当等问题，如"通过这次活动，使我明白了团结的重要性"这样缺少主语的句子，AI可以对其进行识别并给出修改提示。

此外，AI还可以对作文中的语法和拼写错误进行数量统计，帮助学生和教师了解错误的分布情况和出现频率，以便有针对性地进行学习和教学。例如，AI统计出学生在某篇作文中出现了5处拼写错误、3处时态错误，教师可以根据这些信息重点讲解相关知识点。

2. 内容分析与评价

AI可以判断作文内容是否与给定的主题相关。如果作文偏离主题，AI就会给出提示。例如，主题是"描述一次难忘的旅行"，但作文中大部分内容都在谈论自己的兴趣爱好，AI能够识别出这种内容与主题不相关的情况。

AI能够分析作文的逻辑结构是否清晰、合理，还可以判断文章的开头、中间论述和结尾是否连贯，段落之间的过渡是否自然，论证过程是否缜密等。例如，一篇议论文中论点、论据和论证过程是否相互匹配，论述是否有条理，AI都可以进行评估。此外，AI还会评估作文的内容是否丰富，是否有足够的细节和事例来支持观点。如果作文内容过于简略或空洞，AI就会建议学生增加相关的描述或例子，使文章更加充实。

3. 风格与表达评估

一些较为先进的AI作文评阅系统可以分析作文的风格，如语言是简洁明了还是冗长复杂，是幽默风趣还是严肃庄重。这有助于学生了解自己的写作风格，并根据不同的写作要求进行调整。这样的AI作文评阅系统还会对作文的文采进行评估，如学生是否使用了修辞手法、引用了名言警句。对于文采不好的作文，AI会提供一些改进的建议，帮助学生提升作文的文学性和艺术性。例如，AI会建议学生在描写景色时使用比喻、拟人等修辞手法，使文章更加生动形象。

4. 综合评分与反馈

AI能够根据预设的评分标准，综合考虑语言基础、内容、结构、风格等多个方面，对作文进行整体打分。评分标准可以根据不同的年级、文体、考试要求等进行定制，使评分更加准确和客观。除了给出分数，AI还能生成详细的反馈报告，指出作文的优点和不足之处，并提供具体的修改建议，为教师提供评阅参考，为学生提供改进方向。

5.4.6 拍照搜题

拍照搜题是AI技术在教育领域的一项创新应用，学生只需通过手机拍照上传题目，

AI就能快速识别并解析题目，给出详细的解答过程和思路，甚至拓展相关知识点。这种即时反馈的学习方式有助于学生及时解决学习中的困惑，提高学习效率。同时，拍照搜题还能激发学生的学习兴趣，培养学生的自主学习能力。

1. 图像识别与文字提取

当学生使用拍照搜题功能时，AI首先会对拍摄的题目照片进行图像分析。AI能够准确识别照片中的文字信息，包括各种字体、字号、颜色的文字，甚至对于手写的题目也有一定的识别能力。例如，学生手写的数学公式、解题过程等，AI都可以尽可能准确地提取出文字内容。

2. 题目分析与理解

在提取出题目文字后，AI会对题目进行深入分析，理解题目的含义和所涉及的知识点。AI可以根据题目的关键词、语法结构、数学符号等信息，判断题目所属的学科、章节以及具体的知识点范畴。例如，对于一道数学应用题，AI能够识别出其中涉及的数学概念、运算符号等，确定该题是关于代数、几何还是其他数学分支的问题。

除了知识点提取，AI还能分析题目中的逻辑关系。对于一些复杂的题目，如数学证明题、物理推理题等，AI能够理解题目中各个条件之间的逻辑联系，从而更好地理解题目的要求。这有助于AI更准确地找到与该题目相关的解答。

3. 题库匹配与答案搜索

AI连接着庞大的题库，其中包含了各种教材版本、不同年级、不同学科的大量题目及答案。AI分析完题目后，会在题库中进行快速检索和匹配，寻找与当前题目相似或相同的题目。通过高效的算法和索引技术，AI能够在短时间内找到最相关的题目及答案。

如果找到多个与拍照题目相似的题目，AI会根据题目相似度、答案的准确性和完整性等因素对搜索结果进行筛选和排序。它会优先展示相似度高、答案详细准确的结果，以便学生能够快速找到最符合自己需求的答案。例如，对于一些常见的考试题型，AI会优先展示那些来自权威教材、辅导资料或经过大量用户验证的答案。

4. 智能辅导与拓展学习

除了提供答案，AI还会展示题目的解题思路和步骤。它可以将解题过程详细地呈现出来，帮助学生理解每一步的解题依据和方法，从而提高学生的解题能力和思维能力。例如，对于一道数学难题，AI会逐步分析题目条件，给出解题的关键步骤和思路，让学生不仅知道答案，还明白如何得到答案。

基于对题目的分析和理解，AI能够根据学生的搜索历史和当前题目，为学生推荐类似的题目，帮助学生进行拓展学习和巩固提高。例如，当学生搜索完一道几何证明题后，AI会推荐一些类似的几何证明题，让学生通过练习加深对该知识点的理解和掌握。

5. 个性化学习支持

AI会记录学生的拍照搜题历史，包括搜索的题目、查看的答案、学习的时间等信息。通过对这些数据的分析，AI可以了解学生的学习情况和薄弱环节，为学生提供个性化的学习建议和学习计划。例如，如果学生经常搜索某一学科的某一类题目，AI会判断该学生在这方面的知识掌握不够扎实，进而推荐相关的学习资源和练习题。

AI可以根据学生的学习进度和掌握程度，自动调整搜索结果和推荐内容。对于基础较弱的学生，AI会优先推荐基础的题目和简单的解题方法；对于学习能力较强的学生，AI则会提供更具挑战性的题目和深入的解题思路，以满足不同学生的学习需求。

5.5 人工智能与媒体服务

人工智能的快速发展正在为媒体行业注入新的活力。人工智能的智慧正在重塑媒体内容的生产和传播方式。从智能化的新闻采编到实时播报的虚拟主播，再到个性化的内容推荐，人工智能正在成为媒体内容生产和传播的智能引擎。人工智能不仅提升了媒体内容的生产效率和传播速度，还大幅拓展了信息服务的可能性——让新闻更具互动性、趣味性和时效性。

5.5.1 智能采编与分发

随着数字媒体的发展和数据流量的激增，传统新闻采编方式面临着效率与准确性的双重挑战。AI的引入为新闻采编与分发带来了全新的工作模式，使媒体机构能够高效应对信息过载的难题。

借助AI，媒体可以快速监测全球范围内的海量数据，发现热点话题，精准筛选和整合多源信息，并实现内容的智能化加工和分发。通过这种技术赋能，新闻采编从单一的人力驱动模式转型为数据和算法驱动的模式，这不仅提高了生产效率，还增强了内容的个性化和传播的精准度，为媒体行业注入了更多创新的可能。

1. 选题策划

AI可以实时监测互联网上的各种信息源，如新闻网站、社交媒体、论坛等，快速收集和分析大量的数据，从而发现当前的热点话题和趋势。通过对这些热点的追踪和分析，编辑人员能够及时了解公众关注的焦点，为选题策划提供依据。例如，当某个事件在社交媒体上迅速引发大量讨论和关注时，AI可以及时捕捉到这一信息，并将其反馈给编辑团队，以便他们确定是否围绕该事件进行报道。

AI可以根据收集到的信息和分析结果，为编辑人员提供选题建议和决策支持。例如，AI可以根据热点事件的影响力、时效性、与媒体定位的契合度等因素，对潜在的选题进行评估和排序，帮助编辑人员快速筛选出有价值的选题方向。同时，AI还可以提供相关的背景资料，为编辑人员的决策提供更多的信息和依据。

2. 信息采集

AI能够从海量的信息中快速挖掘出与采编主题相关的内容。通过自然语言处理技术和机器学习算法，AI可以对文本、图片、视频等多种形式的信息进行分析和理解，识别其中的关键信息和主题，从而筛选出有价值的新闻素材。例如，在采集财经新闻时，AI可以从大量的财经数据、报告、新闻稿中提取出关键的财务指标、市场趋势等信息，为编辑人员提供准确的信息支持。

在信息采集过程中，AI可以将来自不同渠道的信息进行整合。例如，对于一个国际事件，AI可以将来自不同国家的媒体报道、官方声明、专家观点等信息进行整合，为编辑人员提供全面的信息。同时，AI还可以对信息进行去重（去掉重复的数据或信息）和分类，提升信息的质量和可用性。

一些AI工具可以作为采访助手，协助记者进行采访和信息收集。例如，通过语音识别技术，AI可以将采访录音实时转化为文字，方便记者后续的整理和分析。同时，AI还可以根据采访的主题和对象，提供相关的背景资料、问题建议等，帮助记者更好地准备采访，提高采访的效率和质量。

3. 多媒体内容创作与处理

AI的广泛应用使多媒体内容的创作与处理变得更加高效和智能化。无论是文本、图片还是视频，AI都能通过深度学习和自然语言处理等技术，提供从生成到优化的全流程支持。

（1）文本的生成和处理

AI利用自然语言处理技术，能够根据给定的信息和要求，自动生成新闻报道、摘要等文本内容。例如，对于一些数据驱动的新闻，如体育比赛结果、股市行情等，AI可以快速生成简洁明了的报道文本。对于一些较为简单的事件报道，AI也可以根据收集到的信息自动撰写新闻稿件，减轻编辑人员的写作负担。不过，目前AI生成的文本还需要经过人工的审核和编辑，以确保内容的准确性和质量。

除了自动生成文本外，AI还可以为编辑人员提供辅助写作功能。例如，AI可以检查文本中的语法错误、拼写错误、标点符号错误等，并提供修改建议，AI还可以对文本的语言表达进行优化，提供更丰富、更准确的词汇和表达方式，提升文本的质量和可读性。此外，AI还可以根据编辑的要求，对文本进行风格转换、篇幅调整等操作。

对于涉及多语言的采编工作，AI可以快速、准确地将一种语言的文本翻译成另一种语言。这不仅可以帮助编辑人员获取更多的国际新闻素材，还可以方便媒体将自己的内容传播到其他国家和地区，提升媒体的国际影响力。

（2）图片的生成和处理

AI可以根据输入的描述或特定的风格要求生成逼真的图像。例如，通过深度学习算法，AI可以学习大量的图像数据，掌握不同物体的特征和风格，然后根据用户的需求生成新的图像，这在广告设计、插画创作、游戏开发等领域具有广泛的应用，可以大大节省设计师的时间和精力。对于图片素材，AI还可以进行自动处理和重新编辑。例如，AI可以对图片的色彩、对比度、亮度等进行调整和优化，去除图片中的背景、水印等，AI还可以对图片进行裁剪、旋转、拼接等操作，以满足编辑人员对图片的不同需求。

（3）视频的生成和处理

通过自然语言处理和图像生成技术，AI可以根据输入的文字描述自动生成相应的视频内容。AI还能将一系列相关的图片转化为视频，并自动添加过渡效果、动态元素等。例如，AI能将旅行照片制作成生动的旅行视频。

此外，AI还可以对视频素材进行自动剪辑、拼接、调色等操作，通过分析视频的内容、结构和情感等因素，根据预设的规则和算法自动选择合适的片段进行剪辑和拼接，添加字幕、特效、音乐等元素，生成高质量的视频内容。例如，在体育赛事的报道中，AI可以快速剪辑出比赛的精彩瞬间，并制作成短视频进行发布。

4. 内容推荐与分发

数字媒体平台可以利用AI算法分析用户的行为数据，如浏览历史、点赞、评论、分享等，了解用户的兴趣和偏好，然后根据这些数据为用户提供个性化的内容推荐，提高用户的满意度和黏性。例如，视频平台会根据用户的观看历史推荐相关的视频，音乐平台会根据用户的听歌记录推荐相似的音乐。

AI可以根据内容的特点和用户的分布情况，智能地选择合适的分发渠道和时间，提高内容的曝光度和传播效果。例如，对于时效性较强的新闻内容，AI会优先选择在用户活跃度较高的时间段进行分发；对于不同地区的用户，AI会根据当地的文化和兴趣偏好推送合适的内容。

5.5.2 虚拟主播

虚拟主播（这里指 AI 数字人，它与以虚拟人格和形象呈现，并以真人配音的虚拟主播有别）是近年来兴起的一种新型媒体服务形式。它利用 AI 技术生成虚拟形象和声音，模拟真实主播进行新闻报道、节目主持等媒体活动。虚拟主播不仅具有高度的可塑性和灵活性，还可以降低媒体机构的人力成本和时间成本。

1. 形象生成与定制

通过利用深度学习算法和大量的图像数据，AI 可以生成逼真的虚拟主播形象。这些虚拟主播形象可以是完全虚构的卡通形象，也可以是基于真实人物的外貌特征进行模拟和重建的仿真形象，如图5-28所示。例如，一些虚拟主播的外貌与现实中的名人或特定人物相似，但又具有独特的虚拟风格。

图5-28   科大讯飞虚拟数字人

AI 能够根据用户的需求和喜好，对虚拟主播的外貌、服装、发型、配饰等进行个性化定制。用户可以通过形象定制使虚拟主播的形象更符合特定的主题或品牌形象。例如，在一些电商直播中，商家可以根据品牌风格对虚拟主播进行形象定制，增强品牌的宣传效果。

2. 语音合成与驱动

AI 可以将输入的文本转换为自然流畅的语音。虚拟主播通过接收文本信息，利用语音合成系统生成相应的语音内容，实现新闻播报、故事讲述、产品介绍等功能，并且 AI 可以模拟不同的音色、语调和语速，甚至是方言和外语，以满足不同场景下不同受众的需求。

为了使虚拟主播的语音和口型更加匹配，AI 会根据语音合成的结果，自动调整虚拟主播的唇形和面部表情。通过对大量真实人类语音和口型数据的学习，AI 能够准确地预测出不同语音对应的唇形，从而实现高度逼真的唇形同步效果，增强虚拟主播的真实感。

3. 表情与动作生成

AI 可以根据文本内容和情境自动生成虚拟主播的面部表情。例如，当播报愉快的消息时，虚拟主播会展现出微笑的表情；当讲述悲伤的故事时，虚拟主播会呈现出悲伤的神情。这种基于对人类表情的分析和模拟生成的表情，使虚拟主播能够更好地与观众进行情感交流。

虚拟主播的身体动作也可以通过 AI 进行生成和控制。AI 会根据语音的节奏、强调部分以及文本的语义，自动生成相应的手势、身体姿态。例如，在强调某个重点时，虚拟主播可能会做出挥手、点头等动作，以增强表达的效果。同时，AI 还可以根据场景的需要，让虚拟主播做出行走、坐下、转身等动作，使虚拟主播的表现更生动、更自然。

4. 智能互动与创作

在直播或互动场景中，AI可以使虚拟主播与观众进行实时互动。观众可以通过文字、语音等方式提问，虚拟主播利用语音识别和自然语言处理技术理解观众的问题，并快速给出回答。AI还可以根据观众的反馈和情绪，调整虚拟主播的回答方式和语气，提升互动的效果和观众的参与度。

在脚本生成和内容创作上，AI可以根据给定的主题或关键词，自动生成虚拟主播的播报脚本。通过对大量文本数据的学习和分析，AI能够提取关键信息，组织语言结构，并生成逻辑清晰、内容丰富的脚本，这为虚拟主播的内容创作提供了快速、高效的解决方案。

5. 多场景应用与适配

AI可以使虚拟主播适应不同的平台和设备。无论是在不同的设备上，还是在不同的直播平台、视频网站上，AI都能自动调整视频的分辨率、帧率、格式等参数，以确保在不同平台上都能流畅地播放和展示视频。

虚拟主播可以被应用于多种场景，如新闻播报、娱乐节目、电商直播、教育培训、企业宣传等。AI可以根据不同场景的需求，调整虚拟主播的功能和表现形式。例如，在新闻播报场景中，虚拟主播需要保持严肃；在娱乐节目中，虚拟主播可以更加活泼。

5.6 人工智能与公共安全

AI在公共安全领域的应用，正在逐渐为社会构筑起一条无形的、智能的、主动性的安全防线。

在安防监控中，AI利用图像识别和行为分析，能够自动识别异常行为，分析人群流动，实时检测安全隐患，为安保人员提供及时的预警信息；在灾害预警方面，AI通过大规模数据整合与预测模型，精准分析气象、地质等数据，并及时提供洪水、地震等自然灾害的预警信息。AI赋予了公共安全体系前瞻性和精准性，助力公共安全从传统模式向智慧化迈进。

5.6.1 安防监控

在安防监控领域，AI的应用主要体现在智能视频监控系统上。AI正在引领技术变革，成为现代安防体系的关键支柱。

1. 目标识别与检测

AI可以实时识别监控画面中的人脸信息，用于人员身份验证。例如，在机场、火车站、地铁站等场所的安检口以及企业、小区的门禁系统中，AI能够快速、准确地识别人员身份，与数据库中的信息进行比对，确认是否授权人员通行。同时，该技术也可用于犯罪嫌疑人追踪，通过在公共场所的监控视频中快速识别出特定的嫌疑人，为警方提供重要线索。

另外，AI还能对监控画面中的车辆信息进行实时识别，包括车牌号码、车型、车的颜色等，这能为交通管理提供很大的帮助。具体来说，AI可用于电子警察系统，自动抓拍违章车辆，如存在闯红灯、超速、逆行等行为的车辆；也可用于车辆追踪，在城市道路监控网络中跟踪特定车辆的行驶轨迹，为案件侦破、交通流量分析等提供数据支持。

2. 行为分析与监测

AI可以分析监控视频中人员的行为，识别出异常行为，如偷窃、打架、攀爬、摔倒、徘徊、长时间逗留等。当AI检测到这些异常行为时会自动触发警报，通知安保人员及时处理，这有助于犯罪的预防和突发状况的及时应对。例如，在银行的监控系统中，AI能够检测到在柜台附近长时间徘徊等可疑行为，以提醒银行工作人员注意防范。

AI可以通过对监控视频中人员或车辆的连续跟踪，获取或模拟其运动轨迹，这对于了解人员的活动范围、车辆的行驶路线等非常有帮助，在一些大型活动的安保、城市治安管理等方面能够发挥重要的作用。例如，在大型演唱会、体育赛事等活动现场，安保人员可以利用人员轨迹追踪技术实时掌握人员的流动情况，及时发现异常聚集或人员走失等问题。

3. 场景分析与理解

AI可以对监控场景中的环境因素进行分析，如检测火灾、烟雾、漏水等异常情况。一旦发现这些危险信号，AI会立即发出警报，以便相关人员及时采取灭火、排水等措施，减少损失。例如，在商场、仓库等场所的监控系统中，AI能够及时发现火灾隐患，为火灾的早期预警和扑救提供支持。

AI还可以在监控范围内划定特定的区域，当有人员或车辆闯入该区域时，AI会自动识别并发出警报，这一功能可用于保护重要区域，如军事基地、核电站、银行金库等，防止未经授权的人员进入。

4. 智能预警与报警

AI能够实时分析监控视频，一旦发现异常情况，立即向相关人员发送预警信息，包括短信、邮件、手机App推送等方式，确保安保人员能够及时收到警报，并采取相应的措施。

AI可以与其他安防设备实现联动，如与门禁系统、报警系统、消防系统等进行连接。当AI监控系统检测到异常情况时，会自动触发相关设备的操作，如关闭门禁、启动报警器、开启消防设备等，提升安防系统的整体响应速度和应对能力。

5. 数据管理与分析

AI能够对大量的监控视频数据进行高效的存储和分类管理，并能快速检索和查询特定的视频片段。例如，AI能够根据时间、地点、人员等关键词快速找到相关的监控视频，为相关人员的事后调查和证据收集提供便利。

通过分析长期积累的监控视频数据，AI能够挖掘其中的潜在规律和趋势，为安防决策提供数据支持。例如，AI通过分析某个区域犯罪的高发时段、高发地点等信息，为合理安排安保力量和采取相应的防范措施提供便利。

5.6.2　灾害预警

在灾害预警方面，AI技术同样发挥着重要作用，为自然灾害的提前防范提供了新的技术支撑。通过收集和分析各种气象、地质等灾害相关数据，AI可以建立灾害预测模型，实现对灾害的提前预警和评估。

1. 数据收集与整合

AI可以快速收集来自各种传感器、卫星、气象站、地质监测设备的多源数据信息。例如，卫星能够提供大面积的地表图像、云层分布、温度等数据；地震监测仪可以实时收集地壳运动数据；水文监测站能获取水位、水流速度等水情信息。AI能够自动接收、整理这些海量且复杂的数据，为后续的分析提供基础。

2. 灾害预测与分析

对于暴雨、台风、龙卷风等气象灾害，AI可以通过对历史气象数据、大气环流模式、海洋温度等因素的分析，建立预测模型。例如，气象人员用大量的气象观测数据进行AI模型训练，可以预测未来几小时、几天甚至更长时间内的降雨量、风速、风向等气象参数的变化，从而提前发出预警。对强对流天气的监测和预警也是AI的应用重点。强对流天气具有突发性和局地性，传统的气象预测方法往往难以准确预测。AI可以结合雷达回波、卫星云图等实时数据，快速识别出强对流云团的形成和发展趋势，及时发出强对流天气的预警信息。

在山体滑坡、泥石流等地质灾害预警方面，AI可以对地形、土壤湿度、降雨量、地震活动等因素进行综合分析。通过对大量历史地质灾害数据的学习，AI能够建立地质灾害预测模型，预测潜在的地质灾害风险区域和发生时间。

对于地震灾害，AI可以辅助地震监测系统，对地震波数据进行实时分析，快速确定地震的震级、震源位置等信息，并结合地质结构、人口分布等数据，评估地震可能造成的影响范围和危害程度，及时发布地震预警信息。

在森林火灾监测中，AI可以结合卫星遥感数据、无人机监测数据和地面传感器数据，对森林区域的温度、湿度、植被覆盖度等因素进行分析，实时监测森林火灾的发生风险，当发现异常的温度升高或烟雾信号时，立即发出火灾预警。

对于城市火灾，AI可以通过分析建筑物的结构、电气设备的运行状态、人员密集程度等因素，评估火灾发生的可能性和风险等级。在城市建筑发生火灾时，AI可以结合火灾报警系统的信号，快速确定火灾的位置和规模，为消防部门提供准确的信息，以便及时进行灭火救援。

3. 实时监测与预警发布

AI驱动的智能监测系统可以对灾害相关的数据进行实时监测和分析，一旦发现异常情况，能够立即触发预警机制。例如，在城市内涝监测中，AI通过安装在城市道路、排水管道等位置的传感器，实时监测水位变化，当水位超过警戒线时，AI能自动发出内涝预警信息。AI可以将预警信息快速、准确地发布到多种渠道，如手机短信、广播电视、社交媒体、应急广播系统等，确保公众能够及时接收到预警信息，采取相应的防范措施。

4. 灾情评估与应急响应辅助

在灾害发生后，AI可以利用无人机、卫星等获取的图像和数据，快速评估灾害的影响范围、受灾程度等情况。例如，AI通过对无人机拍摄的灾区图像进行分析，识别倒塌的建筑物、受损的基础设施等，为救援工作提供准确的信息支持。

根据灾情评估结果，AI可以为应急救援部门提供辅助决策支持，包括制定救援方案、优化救援路线、调配救援资源等。例如，AI通过分析交通状况、地形等因素，为救援车辆规划最佳的行驶路线，提高救援效率。

5.7　人工智能与无人驾驶

人工智能赋能的无人驾驶技术正在开启交通运输和各类作业模式的全新时代。凭借卓越的环境感知、实时路径规划和自适应决策能力，人工智能赋予了无人驾驶系统在复杂、动态环境中"独立行动"的潜力。目前，无人驾驶技术还存在技术、安全、法律等方面的挑战，难以实现大规模商业化应用，但其前景广阔。在人工智能技术的加持下，无人驾驶技术正在以前所未有的精准性和可靠性，推动交通与生产全面走向自动化，让更安全、绿色、高效的未来图景逐步成为现实。

5.7.1 物流配送

在物流配送中，AI驱动的无人驾驶技术为货物运输带来了前所未有的效率提升。通过实时路径规划和精准导航，无人驾驶车辆可以自动选择最佳路线，避开拥堵，并按时、安全地将货物送达目的地。这一技术不仅降低了物流成本，还有效地减少了碳排放，为构建绿色物流体系提供了重要的支撑。

1. 路径规划与优化

AI可以实时收集和分析交通数据，包括道路拥堵情况、交通事故、施工信息等。根据这些信息，AI可以为配送车辆规划出最佳行驶路线，避开拥堵路段，减少配送时间和运输成本。例如，一些物流配送平台利用AI，结合地图数据和实时交通信息，为司机提供动态的导航路线，使车辆能够更快速地到达目的地。

除了考虑交通状况外，AI还会综合考虑配送任务的紧急程度、货物的特性（如是否易损坏、是否需要特殊的运输条件）、车辆的载重量和续航能力等因素，制定出最优的配送路线和方案，这样可以提高车辆的利用率，确保货物能够按时、安全地送达。

在路径规划领域，无人配送设备如机器人和无人机也开始扮演重要角色。配送机器人主要用于城市的"最后一公里"配送任务，能够自主完成路径规划和障碍物避让，将货物直接送到用户手中。例如，一些快递公司已经开始尝试使用配送机器人进行快递配送，为用户提供更加便捷的服务，如图5-29所示。这些机器人具备环境感知能力，能够适应街道和小区环境，提升配送的便捷性。

图5-29　顺丰智能配送机器人

无人机则主要承担偏远地区的配送任务，尤其在交通不便的山区、海岛等地具有显著优势。无人机可以快速穿越复杂地形，不受道路条件限制，配送覆盖范围十分广泛。然而，目前无人机配送仍面临技术和法规上的挑战，如飞行安全和空域管理问题。但随着技术进步和监管政策的完善，无人机在物流配送中的应用前景十分广阔。

2. 车辆调度与管理

在物流配送过程中，需求的波动性和不可预测性是常态。AI可以根据实时订单信息、车辆的位置和状态等数据，进行动态的车辆调度。当某个区域的订单量突然增加时，AI可以迅速调配附近的空闲车辆前往该区域进行配送；当车辆出现故障或其他意外情况时，AI能够及时调整其他车辆的任务，确保配送任务的顺利进行。

通过安装在车辆上的传感器和监控设备，AI可以实时监测车辆的运行状态，如车速、油耗、行驶轨迹等。当车辆出现异常情况时，如超速、急刹车、偏离预定路线等，AI会及时发出预警，提醒司机和管理人员注意。同时，AI可以对车辆的故障进行预测和诊断，提前安排维修保养，降低车辆的故障率和维修成本。

5.7.2　共享出行

在共享出行领域，AI的应用让"出行即服务"成为可能。AI驱动的智能调度系统能够提高用户在所需时间和地点找到车辆的概率，有助于实现按需出行。这种智能化的共享出行模式不仅减少了拥堵和环境污染，还为城市交通提供了更高效、便捷的解决方案，是未来智能交通体系的重要组成部分。

1. 智能调度与运营管理

通过对大量历史出行数据的分析，包括不同时间段、不同区域的用车需求等，AI可以预测未来一段时间内各个地点的共享出行需求。例如，在早晚上下班高峰期、节假日等特殊时段，提前预测热门区域的用车需求高峰，以便共享出行平台提前调度车辆，增加车辆供应，减少用户的等待时间。

根据实时的车辆位置信息、用户需求信息以及交通状况等，AI可以制定最优的车辆调度方案。例如，将闲置车辆调度到需求量较大的区域，提高车辆的利用率；在交通拥堵区域，合理安排车辆的行驶路线，避免车辆集中在拥堵路段，提高运营效率。

2. 路径规划与实时导航

AI结合交通大数据（如道路拥堵情况、交通事故信息、施工路段等）可以为用户规划最佳的出行路线。在出行过程中，AI能够实时监测路况变化，及时调整路线，避开拥堵路段，节省用户的出行时间。例如，高德地图等导航应用利用AI为用户提供实时、准确的导航服务。

在用户行驶过程中，AI导航系统可以实时监测车辆的位置和行驶速度，根据交通状况的变化及时调整导航路线。例如，当遇到道路拥堵时，AI导航系统会自动为用户规划绕路方案，避免用户陷入交通堵塞。

3. 电子围栏与定点停车管理

AI结合卫星定位系统和传感器技术，可以实现对共享车辆的精准定位。通过在地图上设置电子围栏区域，当车辆进入或离开电子围栏区域时，AI可以自动识别并记录，这有助于规范用户的停车行为，避免车辆乱停乱放，影响城市交通和市容市貌。

如果用户未将车辆停放在指定的电子围栏区域内，AI会向用户发出提醒和警告，并可能采取相应的处罚措施，如收取额外的停车费用等。同时，运营人员也可以通过AI实时监控车辆的停放情况，及时对违规停车的车辆进行处理。

4. 驾驶行为与车辆状态监测

在共享汽车或共享单车的使用中，AI可以通过车辆上的传感器和监控设备，监测用户的驾驶行为，如是否超速、是否急刹车、是否频繁变道等。对于不安全的驾驶行为，AI会及时发出提醒和警告，保障用户的出行安全。

在车辆使用前和使用后，AI会对车辆的安全状况进行自动检测，包括刹车系统、灯光系统、轮胎气压等。如果发现车辆存在安全隐患，AI会及时通知运营人员进行处理，并提醒用户"车辆存在安全隐患，请勿驾驶。"

5.7.3　危险工种

在矿山开采、危险物品运输、消防救援、建筑施工、电力巡检等高风险作业中，AI正在成为保障工人安全的强大后盾。AI驱动的自动化设备可以代替人类完成危险、繁重的任务，降低事故风险，确保工作效率与安全性。AI赋能的无人驾驶设备可以有效提高高危行业作业的安全性，同时进一步提升生产效能。

1. 矿山开采

在无人驾驶技术的作用下，矿用卡车等运输车辆能够按照预设的路线自动行驶，在矿山的复杂地形和恶劣环境下进行矿石等物料的运输。例如，中国兵器北重集团北方股份公司研制的110吨NTE120AT无人驾驶电动轮矿车，可以在矿山现场完成倒车入位、精准停靠、自动倾卸、轨迹运行、自主避障等各个环节，实现了矿车24小时无人驾驶循环作业，大大提高了运输效率，降低了人工成本和安全风险。同时，为了应对矿区内扬尘多的问题，该矿车采用车载传感器，依靠激光雷达与毫米波雷达形成双重保障，实现360度无死角感知。

借助AI图像识别和数据分析能力，无人驾驶矿车可以对矿山的地质状况、开采面的稳定性等进行实时监测。一旦发现有滑坡、坍塌等危险迹象，能够及时发出预警信号，以便工作人员提前采取措施，避免发生事故。此外，配备环境监测系统的无人驾驶矿车还可以监测矿区内的空气质量、水质等环境指标，确保矿山开采活动符合环保要求。

2. 危险物品运输

在危险物品运输中，配备了先进的传感器的无人驾驶车辆能够实时监测运输过程中的各种参数（如温度、压力、湿度等），确保危险物品始终处于安全的状态。一旦出现异常情况，AI会立即发出警报并采取相应的措施，如自动制动、切断动力等，防止事故的发生。

此外，无人驾驶技术还可以避免人员受到辐射等伤害。在运输放射性物品时，车辆的智能控制系统能够精确控制行驶速度、保持安全距离，在遇到突发情况时迅速做出反应，保障运输过程的安全、可靠，降低因人为操作失误导致放射性物质泄漏的风险。

3. 消防救援

在消防救援中，无人驾驶消防车或消防机器人可以快速进入火灾现场，尤其是一些消防人员难以到达或危险系数较高的区域，如高层建筑、地下停车场等。它们通常会配备高清摄像头、红外热成像仪、激光雷达等多种设备，能够实时感知火灾现场的环境信息，为消防人员提供准确的现场数据，协助制定灭火方案。

此外，在火灾现场周围道路受阻或存在危险的情况下，无人驾驶车辆或无人机还可以承担救援物资的运输和投放任务，将灭火器、防护装备、急救药品等物资快速、准确地送达救援现场，提高救援效率，保障救援工作的顺利进行。

4. 建筑施工

在建筑施工领域，集成了远程遥控与AI自动驾驶技术的无人智能塔吊借助实景建模、传感器及尖端的AI算法，能够自主规划运行路径、实施安全监控、实现吊钩可视化及智能防碰撞等功能。在复杂的施工环境中，这种塔吊能够灵活作业，有效减少人为错误和安全风险，从而大幅提升施工效率和安全性。

无人驾驶车辆可以在建筑施工现场进行物料的运输和搬运，不需要人工驾驶，可以避免驾驶员在施工现场可能遭遇的高空坠物、机械碰撞等危险。此外，这些车辆还能通过智能调度系统实现资源的最优配置，进一步提升物料运输效率，并有助于降低施工成本。

5. 电力巡检

在电力巡检中，基于AI自适应技术的无人机可用于电力线路的巡检工作。无人机能够按照预设的航线自主飞行，对电力杆塔、线路等设备进行多角度、近距离的拍照和检测，及时发现线路的故障和隐患，如绝缘子破损、导线磨损等。与传统的人工巡检相比，无人机巡检效率更高，能够覆盖更广阔的区域，且减少了巡检人员在高空、复杂地形等危险环境中的作业风险。

此外，在一些大型的变电站、换流站等场所，无人巡检车可以代替人工进行日常的巡检工作。配备多种检测设备和传感器的无人巡检车能够对站内的设备进行全面、细致的检查，如检测设备的温度、声音等参数，并通过AI算法对数据进行分析和处理，及时发现设备的异常情况，保障电力设备的安全运行。

5.7.4　农业机械

在农业生产中，AI赋能的无人驾驶机械正掀起一场"智慧农业"革命。通过实时环境感知和路径规划，智能农机能够精准施肥、播种与收割，减少资源浪费，提高作业效率。这种智能化、无人化的农业生产方式不仅大幅提高了农作物产量，还为满足全球粮食需求提供了更加高效的解决方案。在农业机械领域，AI赋能的无人驾驶技术主要应用于以下几个环节。

1. 耕种环节

通过高精度的卫星定位系统和智能导航算法，无人驾驶拖拉机能够按照预设的路线和参数进行精准的耕地作业（见图5-30），作业精度可达到厘米级，能够有效避免传统人工驾驶耕地时的重播和漏耕现象，提高土地的利用率和耕种质量。

图5-30　无人驾驶拖拉机开展耕地作业

此外，借助机器视觉和传感器技术，播种机还可以实时感知土壤状况、地形起伏以及前方的障碍物等信息，自动调整播种深度、播种量和播种间距，确保种子均匀地播撒在土壤中，为作物的生长奠定良好的基础。同时，无人驾驶拖拉机还能根据不同的作物种类和种植要求，灵活调整播种方案。

2. 田间管理环节

通过AI图像识别技术和AI数据分析功能，智能植保机可以在田间自动识别杂草、病虫害的发生情况，并根据识别结果精准地喷洒农药和除草剂，实现对病虫害的有效防治，同时减少农药的使用量，降低环境污染风险。

此外，配备多种传感器和摄像头的无人巡检车，能够在农田中自主行驶，实时监测农作物的生长状况、土壤湿度、养分含量等信息，并将数据上传至云端进行分析处理。农户可以通过手机或个人计算机远程查看农田信息，及时了解作物的生长动态。

3. 收割环节

基于计算机视觉和深度学习技术，无人驾驶收割机可以准确地识别农作物的成熟度和收割边界，自动调整收割高度和速度，实现高效、精准的收割作业。在大面积的农田收割中，多台无人驾驶收割机还可以通过智能调度系统进行协同作业，进一步提高收割效率。

收割后的农作物通常需要及时运输到指定地点进行晾晒、储存或加工，而无人驾驶的运输车辆可以在田间和仓库之间自动往返，实现农作物的自动化运输，有助于减少人工搬运的劳动强度和时间成本，提高农业生产的整体效率。

5.7.5　城市日常作业

无人驾驶在城市日常作业中的应用正在让环卫清洁、巡逻检测等任务变得更智能、更高效。借助AI赋能的无人驾驶设备，城市日常作业可以在24小时内不间断进行。这可以减少人力投入，提升作业精度，实现对城市环境的智能化管理。AI技术的应用让城市日常作业向自动化和智能化迈进，助力智慧城市的构建。

1. 城市环卫领域

无人驾驶的环卫机器人能够自动进行道路清扫作业，它们可以按照预设的路线和时间在街道、公园、广场等公共区域进行清扫，通过传感器感知周围环境，避开行人、障碍物等，同时对垃圾进行精准识别和收集。例如，深圳在多个区域布设了AI清扫试点，投入大量AI清扫设备，提高了清扫效率和质量，如图5-31所示。

图5-31　深圳莲花山公园市民中心无人驾驶的环卫机器人

AI可以对垃圾的产生量、分布情况等数据进行分析，从而优化垃圾收集的路线和时间安排，提高垃圾运输的效率。AI还能对垃圾分类情况进行监测和识别，辅助垃圾处理厂对不同类型的垃圾进行更有效的处理和回收利用。

2. 城市交通领域

无人驾驶汽车能够精准地控制车速和车距，实现更为精细化的驾驶操作，从而提高道路的通行能力，减少交通拥堵。通过车载传感器和AI算法，无人驾驶车辆可以实时感知周围环境，提前发现潜在危险并迅速做出反应，如自动刹车、避让行人或其他车辆等，有效降低交通事故的发生率，提高出行的安全性。

无人驾驶车辆具备自动泊车功能，车主只需将车辆停放在指定区域，车辆即可通过自身的传感器和控制系统，自动寻找合适的停车位并完成泊车操作。

例如，华为的智界S7就具备自动泊车功能，当车主驾车到达商场停车场后，不需要在停车场内寻找车位，只需要将车停在地库的电梯口等指定位置，然后通过手机"一键启动"无人泊车功能，车辆就能自动在停车场内寻找合适的停车位，如图5-32所示。如果目标车位被占，它还会自动漫游寻找其他可用车位，如遇到车位过窄的情况，它会先收后视镜再自动驶入车位。会车时，它也能根据车道情况做出合理的避让动作，进而提高停车的安全性。

图5-32　华为智界S7自动泊车

尽管无人驾驶技术已经取得了显著的进展，但在复杂交通环境中的感知、决策和控制等方面仍然存在挑战。随着无人驾驶技术的不断进步和相关法规的逐步完善，无人驾驶汽车将逐步成为城市交通系统的重要组成部分，为人们提供更便捷、更安全、更高效的出行服务。

3. 市政设施巡检

无人驾驶巡检车搭载高清摄像头、激光雷达、超声波传感器、毫米波雷达等多种装置，能够对城市的道路、桥梁、路灯、井盖等市政设施进行全方位的巡检。在行驶过程中，巡检车可以实时收集道路状况、设施损坏情况、环境变化等数据，依靠计算机视觉技术自动识别异常情况，如道路破损、路灯不亮、井盖丢失等，将相关图像和信息上传至后台系统，通知相关人员前往处理。

与传统的人工巡检方式相比，理论上无人驾驶巡检车可以实现24小时全天候的巡检作业，不受天气、时间等因素的限制，从而显著提高巡检的频率和效率。同时，无人驾驶巡检车能够快速、准确地发现问题，可以降低人工巡检的漏检率和误判率，提升市政设施维护的及时性和准确性。同样，结合高精度地图和定位技术，无人驾驶巡检车也可以根据实时交通状况动态调整和优化路径，从而实现高效巡检。

此外，无人驾驶巡检车通过对巡检数据的积累和分析，结合AI数据分析和挖掘技术，可以为城市管理者提供决策依据。例如，根据道路破损的分布情况和发展趋势，合理安排道路维修计划；根据设施故障的类型和频率，优化设施的维护策略等，提高城市管理的科学性和精细化水平。

课后习题

1. 智能家居中的环境监测与调节功能，除了本章中提到的温度、湿度、空气质量等，你认为还可以拓展到哪些方面来提升生活品质？

2. 在影视制作中，AI辅助的表情和动作捕捉技术为特效制作带来了便利。举例说说你看过的哪些影视作品中运用了该技术？它对影片的整体效果产生了怎样的影响？

3. 智能客服在经济金融领域能够解答常见问题和处理简单账户事务。分享一次你与智能客服交流的经历，你觉得它在哪些方面表现出色，又有哪些不足？

4. 在教育教学的口语学习中，AI可以充当虚拟口语陪练伙伴。请你与同学们讨论，与AI进行口语对话和与真人进行口语交流有哪些不同的体验？

5. 虚拟主播能够根据不同场景调整形象和语言风格。想象一下，如果让虚拟主播主持一场校园文艺晚会，它应具备哪些特点和功能？

6. AI智能投顾能够根据用户风险偏好和投资目标制定投资策略。如果你是一位大学新生，有一笔闲置资金，你希望智能投顾为你制定怎样的投资策略？

7. 媒体服务中的数字媒体利用AI进行内容推荐与分发。你有没有因为这种个性化推荐而发现一些原本可能错过的优质内容？分享你的经历，并谈谈你对这种推荐方式的感受。

8. AI在共享出行领域能够智能调度车辆。你认为在高峰时段，共享车辆的调度策略应侧重于哪些方面，才能更好地缓解交通拥堵，并满足乘客需求？

课后实践：AI 在营销推广中的应用案例分析

1. 实践目标

通过分析AI在营销推广中的应用案例，深入了解人工智能在营销推广领域的具体作用和优势，提高对人工智能在商业中的应用的认识和理解。

2. 实践内容

（1）数据分析与客户画像

了解案例中企业如何通过数据分析构建客户画像，以及这些客户画像如何指导个性化营销策略的制定。

（2）客户交互与服务优化

探讨该案例中智能客服或聊天机器人的实际应用效果，如它们如何帮助企业提升客户体验，回答客户问题。

（3）内容创作与优化

评估案例中AI生成的内容的质量，分析如何通过内容优化提升用户转化率。

（4）营销渠道管理与精准投放

研究案例中企业如何基于客户行为数据，选择合适的渠道，并进行精准投放。

（5）客户关系管理

观察企业如何使用AI提升客户关系管理效率，分析AI对客户忠诚度的提升效果。

3. 实践步骤

（1）选择案例

选择一个感兴趣的企业（如电商、金融）来分析其智能营销案例，收集该企业在营销中的数据处理、客户互动、内容创作等方面的信息。

（2）收集资料

线上资源：在该企业的官网查找新闻、官方发布的白皮书，或者查找专业的市场数据平台及相关媒体发布的报告。

用户反馈：在社交媒体或论坛上收集用户对该企业智能营销服务的评价。

参考文献：查阅关于智能营销的学术论文、案例分析书籍或市场研究报告，为分析该企业及其智能营销案例提供理论依据。

（3）分析案例

数据分析与客户画像：列出该企业收集的客户数据种类，如客户浏览历史、购买记录、社交媒体互动记录、产品评价等。了解企业如何根据收集到的数据分析客户的偏好、需求、消费能力等，从而生成一个完整的客户画像。分析客户画像对营销决策的支持作用，思考企业是如何根据不同的客户画像进行精准推广的，总结客户画像的实际应用效果，如是否使推荐更符合客户兴趣，或者是否提高了转化率（购买率）。

客户交互与服务优化：实际使用该企业的聊天机器人，记录聊天机器人解答常见问题的反应时间、回答准确性。分析该聊天机器人在帮助客户解决问题、提供个性化建议等方面的实际效果，总结其在缩短客户等待时间、提升客户满意度方面的表现。例如，如果聊天机器人回答速度快且准确，就记录为优势点。

内容创作与优化：了解企业如何利用AI生成个性化的文案、图像、视频等内容。若可找到不同文案、图像或视频的转化效果数据，可尝试比较不同内容的点击率、互动率，总结AI生成的内容对客户点击率的影响，判断其是否符合客户需求。

营销渠道管理与精准投放：列出企业在不同渠道（如社交媒体、邮件、网站广告）的投放方式，分析其是否基于客户的偏好和行为数据进行选择。总结该企业在不同渠道的投放效果，提供优化投放渠道的建议。

客户关系管理：查看企业是否会根据客户价值提供定制服务，如专属折扣、会员福利等。观察企业如何通过个性化服务增强客户忠诚度。

（4）总结与反思

根据以上分析写一份总结报告。

报告结构：案例背景（单独列出）、各模块分析内容（数据分析与客户画像、客户交互与服务优化、内容创作与优化等）、关键成功点。

教师通过学生提交的总结报告评估实践效果，提出改进建议。

学习目标

➤ 能够根据要求完成人工智能课程实践活动。
➤ 能够根据要求完成人工智能课程设计。

本章概述

　　课程实践活动与课程设计是连接理论与实践、知识与应用的关键环节，更是培养未来人工智能领域创新者与实践者不可或缺的一环。本章介绍了多项人工智能课程实践活动和课程设计，帮助学生将课堂上学到的理论知识付诸实践，让学生在解决实际问题的过程中深化对理论知识的理解，锻炼解决问题的能力，培养创新思维。

本章关键词

　　课程实践活动　　课程设计

知识导图

人工智能课程实践与设计
├── 人工智能课程实践活动
│   ├── 人工智能辅助撰写文本
│   ├── 人工智能辅助翻译
│   ├── 人工智能辅助创作短视频
│   ├── 人工智能辅助直播
│   └── 人工智能辅助求职面试
└── 人工智能课程设计
    ├── 人工智能助力文化遗产保护与传承方案设计
    ├── 人工智能辅助语言学习平台项目设计书撰写
    └── 人工智能驱动的个性化阅读推荐系统商业计划书撰写

第 6 章

人工智能课程实践与设计

6.1 人工智能课程实践活动

　　课程实践活动能让学生在实践中体验人工智能技术的魅力，加深他们对人工智能领域的兴趣，增加他们持续学习的动力。本节提供了5个人工智能课程实践活动，每个课程实践活动均包括活动主题、活动目的、活动流程、注意事项和评估标准5个部分，为学生和教师进行课程实践活动提供参考。

6.1.1 人工智能辅助撰写文本

1. 活动主题
人工智能辅助撰写文本。

2. 活动目的
- **理解人工智能在文本创作中的应用**：通过实践活动，使学生深入理解人工智能在文本生成、编辑、优化等方面的应用原理及现状。
- **掌握人工智能辅助写作工具的使用**：让学生熟悉并掌握至少一种主流的人工智能辅助写作工具（如豆包、文心一言等），学会利用其完成文章撰写、创意激发等任务。
- **培养批判性思维与创新能力**：在利用人工智能辅助创作的过程中，引导学生思考人工智能的局限性，鼓励他们在人工智能辅助写作工具生成内容的基础上进行创意加工，提升个人创新能力。
- **明确实践伦理与责任**：探讨人工智能文本创作中的版权、真实性、伦理道德等问题，增强学生的社会责任感。

3. 活动流程
（1）准备阶段
- **分组**：根据学生人数将学生分成若干小组，每组4～5人，确保每个小组具有不同层次的学生，以便在实践过程中相互学习和协作。
- **工具准备**：教师向学生介绍几款常用的人工智能辅助写作工具，如豆包、文心一言、天工AI等，并指导学生完成注册，熟悉基本操作界面。

（2）实践操作阶段
- **明确任务类型**：每个小组从新闻报道、营销文案、故事梗概等文本类型中选择一种作为本次实践的主要任务。选择完成后，小组需要确定具体的主题，例如，选择营销文案的小组可以确定"新疆3人5天旅游攻略"这一主题。
- **生成文本初稿**：小组成员使用选定的人工智能辅助写作工具，输入与主题相关的关键词、指令等信息，获取文本初稿。在此过程中，学生要记录下输入的指令和生成结果，并分析二者之间的关系，例如，不同关键词的组合对生成文本风格、内容丰富度的影响。
- **分析与修改文本**：小组成员共同分析生成的文本，从内容准确性、逻辑连贯性、语言流畅性、风格适切性等角度进行评估，针对发现的问题，利用自身的知识和技能对文本进行修改和完善。

- **多次迭代优化**：根据修改意见，小组成员再次使用人工智能辅助写作工具对文本进行优化，重复上述分析和修改步骤，直至满意。同时，在每次迭代优化过程中，尝试使用不同的指令和参数设置，探索如何更好地利用人工智能辅助写作工具提高文本质量。

（3）成果展示与交流阶段

- **小组展示**：每个小组推选一名代表，通过PPT、文档展示等形式向全班介绍本小组的实践过程、原始生成的文本、最终确定的文本、使用人工智能辅助写作工具的经验、遇到的问题及解决方案，以便其他小组能够清晰地了解本小组的工作情况。

- **小组间交流**：在每个小组展示完成后，其他小组进行提问和交流。学生可以针对文本内容、人工智能辅助写作工具的使用技巧、问题解决方法等方面进行深入探讨，分享彼此的见解和经验。

- **教师点评**：教师对每个小组的实践进行点评，从文本质量、对人工智能辅助写作工具的运用能力、团队协作等方面给予评价和建议。同时，教师要总结学生在实践过程中普遍存在的问题和优秀的实践经验，引导学生进一步思考人工智能在文本撰写领域的应用前景和发展方向。

4. 注意事项

- **数据安全**：提醒学生在使用人工智能辅助写作工具时注意保护个人信息，避免泄露敏感数据。

- **版权意识**：强调人工智能生成内容的版权归属问题，鼓励学生尊重原创，合理引用。

- **引导学生正确看待人工智能**：在实践过程中，引导学生正确认识人工智能在文本撰写中的作用。让学生明白人工智能只是辅助工具，人类的创造力、判断力和情感理解在高质量文本创作中仍然起着至关重要的作用。防止学生过度依赖人工智能，忽视自身能力的培养。

5. 评估标准

评估项目		分值	评估标准
文本质量	内容准确性	15分	文本内容符合所选主题要求，事实准确，无虚假信息，关键信息完整
	逻辑连贯性	10分	文章结构合理，段落之间、句子之间逻辑清晰，过渡自然
	语言流畅性	10分	语句通顺，没有语法错误，用词恰当
	风格适切性	5分	文本风格符合所选文本类型的特点，如新闻报道语言客观、简洁
人工智能工具运用能力	指令设计合理性	10分	输入的关键词和指令能够有效地引导人工智能辅助写作工具生成与主题相关的内容，指令设计能够体现对工具功能的理解
	优化效果	10分	能够充分利用工具的优势解决文本中存在的问题，通过多次迭代优化，文本质量有明显提高
	对工具局限性的认识	10分	在实践报告中能够准确指出所使用人工智能辅助写作工具的局限性，并提出合理的应对措施或改进建议
团队协作	分工合理性	10分	小组成员分工明确，每个成员都积极参与到实践活动的各个环节，如文本生成、文本分析与修改、文本迭代优化、展示准备等
	沟通协作效果	10分	小组内部沟通顺畅，成员之间能够相互配合、协作，在展示环节能够体现团队的整体成果
展示效果	展示内容完整性	5分	展示PPT或文档内容完整，包括实践过程、成果、问题及解决方案等方面的介绍
	表达能力	5分	小组代表语言表达清晰、流畅，能够准确地向其他同学传达小组的实践思路和成果

6.1.2 人工智能辅助翻译

1. 活动主题

人工智能辅助翻译。

2. 活动目的

- **深化对人工智能翻译技术的理解**：通过参与实践活动，让学生亲身体验人工智能翻译的过程和效果，深入了解其工作原理、优势及局限性，包括对不同语言结构的处理、语义理解、上下文处理等方面的能力。
- **提高语言分析能力和跨文化交流意识**：在对比人工智能翻译结果和人工翻译结果的过程中，使学生感受不同语言之间的差异，从而提高语言分析能力和跨文化交流意识。同时，促使学生思考如何更好地利用人工智能翻译工具辅助自身进行语言学习和翻译实践。
- **培养解决问题的能力和批判性思维**：在分析人工智能翻译中出现的错误或不准确之处，并尝试提出改进方法的过程中，培养学生解决实际问题的能力和批判性地看待技术应用的思维方式，使他们在未来的相关工作中能够合理地运用人工智能翻译工具。
- **激发学习兴趣**：通过实践活动，激发学生对人工智能及相关领域的兴趣和探索欲。

3. 活动流程

（1）准备阶段

① 教师准备

- **准备素材**：教师准备合适的待翻译文本素材，文本素材要涉及多种体裁，如新闻报道、文学作品片段、科技论文摘要、法律文件等，确定不同语言对（如英文－中文、中文－英文、日语－中文等常见语言组合），确保文本难度适中且具有代表性。
- **分组**：将学生分成若干小组，每组3～5人，并为每个小组分配特定的语言对和文本素材。
- **讲解工具**：介绍常用的人工智能翻译工具，如有道翻译、百度翻译、腾讯翻译君等，并讲解其使用方法和优缺点。

② 学生准备

- 各小组成员熟悉分配到的翻译文本素材和语言对特点。
- 预习人工智能翻译相关知识，了解一些常见的翻译算法和模型（如神经机器翻译）的基本原理。

（2）实践操作阶段

① 第一轮翻译（人工翻译）

- 每个小组首先在不使用人工智能翻译工具的情况下，对分配到的文本素材进行人工翻译。小组成员可以分工合作，如先各自翻译一部分，再共同整合和讨论。
- 在翻译过程中，学生需要记录遇到的困难，如不熟悉的词汇、复杂的句子结构、文化背景知识等。

② 第二轮翻译（人工智能翻译）

- 小组使用人工智能翻译工具对同一文本素材进行翻译，可以尝试不同的工具，观察其翻译结果的异同。

- 在使用过程中，学生要注意记录人工智能翻译工具的输出结果，包括翻译的准确性、流畅性、是否符合目标语言习惯等方面的情况，同时留意工具是否出现错误提示或存在无法处理的内容。

③ 撰写活动报告或PPT

- 小组将人工翻译结果和人工智能翻译的结果进行对比，分析人工智能翻译在词汇选择、句子结构调整、语义传达等方面与人工翻译的差异。
- 讨论人工智能翻译的优点，如处理速度快、对一些常见表达方式的翻译准确等，以及存在的问题，如对特定文化背景下词汇的误译、存在逻辑错误等。
- 针对人工智能翻译的问题，尝试提出改进的建议，如调整输入参数（如果软件支持）、人工校对和修改等方法。
- 整理活动成果，撰写活动报告或PPT。

（3）汇报与讨论阶段

- **小组汇报**：每个小组推选一名代表，向全班汇报本小组的翻译过程、对比分析结果以及提出的改进建议，可以展示人工翻译和人工智能翻译的文本对比，以及标注出的问题和修改方案。
- **全班讨论**：其他小组可以提出问题、发表意见或分享自己小组在实践过程中的类似经历和观点。
- **教师引导**：教师引导学生进一步讨论人工智能翻译在不同领域（如商务、文学、科技等）的应用前景和可能面临的挑战，鼓励学生从语言、文化、技术等多个角度进行思考。

（4）总结阶段

- 教师对整个活动进行总结，回顾各小组的汇报内容，强调在实践过程中发现的重点问题和有价值的观点。
- 梳理人工智能翻译的优势和局限性，结合实际应用场景，为学生讲解在未来如何更好地利用人工智能翻译工具来辅助翻译工作，同时提醒学生不能过度依赖人工智能翻译工具，要注重自身语言能力和批判性思维的培养。
- 对学生在活动中的表现进行简要评价，肯定积极参与和有创新性思维的小组和个人，同时指出存在的不足之处和改进方向。

4. 注意事项

- **翻译工具选择**：教师要提前测试所选用的人工智能翻译工具，确保其功能完整，并且能够稳定运行，同时，要考虑工具对不同语言对的支持情况，尽量选择使用范围广且具有代表性的工具。
- **文本素材选取**：准备的翻译文本素材要避免过于简单或复杂，以免影响活动效果。文本素材应尽量涵盖不同的领域和文化背景，但要注意避免使用可能引起争议或敏感的内容作为素材。在选择语言对时，要结合学生的语言水平和实际应用需求。
- **小组协作引导**：在活动过程中，教师要关注各小组的协作情况，鼓励小组成员积极参与讨论和分工合作。如果出现个别学生主导或部分学生参与度不高的情况，教师要及时介入并引导调整。同时，提醒学生尊重不同成员的意见，营造良好的团队氛围。
- **时间管理**：教师要合理安排每个阶段的活动时间，确保整个实践活动紧凑有序地进行。在各小组汇报与讨论环节，要注意控制每个小组的发言时间，避免时间过长或过短，影响整体进度和效果。可以提前设置时间提醒，保证活动按计划完成。

5. 评估标准

评估项目		分值	评估标准
翻译质量	人工翻译	20分	评估小组成员人工翻译的准确性、流畅性和专业性。翻译内容应准确传达原文的语义，句子通顺自然，符合目标语言的表达习惯。对于一些关键术语和文化内涵的处理要得当
	人工智能翻译分析	20分	根据小组对人工智能翻译结果的分析质量进行评分。包括对人工智能翻译准确性的评估（是否准确识别词汇、句子结构是否合理等）、发现人工智能翻译存在问题的情况（如语法错误、语义歧义、文化误解等）以及提出的改进建议的合理性和可行性
小组协作	团队参与度	15分	观察小组成员在整个活动中的参与情况，包括是否积极参与讨论、分工是否合理、是否共同完成对比分析和汇报内容等。每个成员都应该有实质性的参与，避免个别成员包揽或消极对待
	团队协作效果	15分	评估小组内部的协作氛围和沟通效果。小组成员之间应相互尊重、相互支持，能够有效地交流想法和解决分歧。小组汇报内容应体现出团队协作的成果，需做到观点一致、内容完整
汇报与讨论	汇报质量	20分	活动报告或PPT内容清晰、有条理，能够准确地阐述本小组的翻译过程、对比分析结果和改进建议。使用的展示方式（如投影仪展示文本对比等）应直观明了，便于其他同学理解。汇报代表的表达能力要强，语言流畅，能够回答其他同学的提问
	讨论参与度	10分	评估小组成员在全班讨论环节的表现，包括是否积极提问、回应其他小组的提问、发表意见等

6.1.3　人工智能辅助创作短视频

1. 活动主题

人工智能辅助创作短视频。

2. 活动目的
- **掌握人工智能在短视频创作中的应用**：使学生了解并掌握人工智能在短视频创作中的应用，从而提升创作效率与创意水平。
- **培养跨领域融合能力**：结合影视制作、视觉设计等多领域知识，增强学生跨领域融合与创新能力。
- **激发创新思维**：启发学生在短视频创作中的创新思维，鼓励他们探索人工智能与传统创作的创新融合方式，拓展创作思路，创作出更具吸引力和独特性的短视频作品。

3. 活动流程

（1）准备阶段
- **分组**：根据学生人数将学生分成若干小组，每组3～5人。分组时尽量保证每个小组在技术能力、创意能力等方面有一定的多样性，以促进小组内的协作和交流。
- **工具准备**：指导学生下载和安装短视频创作工具，如剪映（部分功能涉及人工智能）、腾讯智影等，并让学生熟悉工具的基本操作界面和主要功能。

（2）实践操作阶段
- **确定主题与创作脚本**：每个小组确定短视频的主题，如制作一个苏绣的科普视频。小组成员共同创作短视频脚本，明确视频的情节、角色、台词、镜头等内容。在创作脚本时，可以利用人工智能工具获取创意或建议，例如，通过输入关键词获取相关的故事创意或情节走向。

- **准备素材**：根据脚本内容，小组成员可以自行拍摄或从合法的素材库中获取相关素材，也可以利用人工智能工具生成所需的素材。
- **剪辑视频**：按照脚本对视频素材进行剪辑。在这个过程中，小组成员可以充分利用人工智能工具的自动化剪辑功能，如智能匹配画面与音乐节奏、自动添加合适的转场效果等，同时根据实际需要进行手动调整和优化。
- **优化内容**：小组成员共同观看短视频初稿，从内容完整性、视觉效果、听觉效果、情感传达等方面对初稿进行评估。针对发现的问题，如画面不清晰、音频嘈杂、情节节奏不合理等，利用人工智能工具或其他专业软件的调整功能进行修改和完善。例如，利用图像增强算法提升画面质量，通过音频处理工具优化声音效果。

（3）成果展示与交流阶段

- **小组展示**：组织短视频展示会，每个小组推选一名代表向全班展示本小组创作的短视频，代表要播放短视频作品，并介绍短视频的主题、创作思路、使用人工智能工具的情况、遇到的问题及解决方案。
- **互评与自评**：采用同伴评价和自我评价的方式，从创意性、技术运用、视觉效果、叙事能力等方面进行评价。
- **反馈与讨论**：教师对每个小组的短视频作品进行点评，从主题表达、创意体现、人工智能工具的运用效果、短视频质量、团队协作等多个维度给予评价和指导。同时，教师总结本次实践活动中同学们普遍存在的问题和亮点，引导学生进一步思考人工智能在短视频创作领域的发展趋势和应用潜力。

4. 注意事项

- **版权意识**：确保使用的素材、音乐等不侵犯他人版权，遵守相关法律法规。
- **技术安全**：使用在线工具时，注意保护个人信息，避免泄露隐私。
- **团队合作**：鼓励小组内成员积极沟通，分工合作，共同完成创作任务。
- **内容导向**：引导学生树立正确的价值观，确保短视频的内容健康合法、积极向上，不传播不良信息或误导观众。
- **数据备份**：鼓励学生保存创作过程中的各版本草稿，以防数据丢失。

5. 评估标准

评估项目		分值	评估标准
短视频质量	主题表达	15分	主题明确，短视频内容围绕主题展开，能够清晰、准确地传达主题思想，让观众容易理解
	创意与吸引力	15分	作品具有独特的创意，在情节设计、画面表现、音频搭配等方面有创新之处，能够吸引观众的注意力，激发观众的兴趣
	视觉效果	10分	画面质量（包括画面清晰度、色彩协调性、构图合理性等方面）良好。运用人工智能工具生成的素材与其他素材融合自然，无明显瑕疵
	听觉效果	10分	音频与视频内容匹配度高，背景音乐、音效和旁白的选择和处理得当。声音清晰，音量适中，能够增强视频的氛围和情感表达

续表

评估项目		分值	评估标准
人工智能工具的运用	工具功能发挥	10分	充分利用了人工智能工具的各种功能，如素材生成、自动剪辑、智能优化等，提高了创作效率和质量
	创意启发与融合	10分	能够将人工智能工具提供的创意建议与小组的创作思路有机融合，为作品增添亮点
	问题解决	10分	使用人工智能工具的过程中遇到问题时，能够通过调整参数、更换工具或结合其他技术手段来克服困难，保证创作顺利进行
团队协作	分工协作	10分	小组成员分工明确，各司其职，团队协作紧密，沟通顺畅
	团队贡献	5分	每个成员都为短视频的创作做出了实质性的贡献，团队成员之间能够相互支持和配合
展示效果	展示内容完整性	3分	展示过程中，小组代表对短视频的介绍内容完整，包括主题、创作思路、使用人工智能工具的情况、问题解决等方面，让观众能够全面了解创作过程
	表达能力	2分	小组代表语言表达清晰、流畅，能够生动地介绍作品的特点和亮点，回答同学和教师的提问

6.1.4　人工智能辅助直播

1. 活动主题
人工智能辅助直播。

2. 活动目的
● **理论与实践结合**：让学生深入理解人工智能在直播领域的应用，将所学理论知识运用到直播实践中，增强学生对知识的掌握和运用能力。
● **提升直播技能**：培养学生利用人工智能工具策划直播、优化直播内容、提高直播互动性和优化直播效果的能力，通过利用人工智能工具生成直播脚本、实时分析观众反馈、优化直播场景等，提升学生在直播行业的专业技能。
● **探索直播形式**：鼓励学生探索人工智能与传统直播融合的直播方式，并尝试新的直播形式和内容，如利用人工智能生成虚拟主播、个性化推荐商品等，为直播行业的发展注入新的活力。

3. 活动流程
（1）准备阶段
● **分组与选题**：根据学生人数将学生分成若干小组，每组4～6人。每个小组选择一个直播主题，如农产品直播带货、美妆直播、知识讲座直播等，并确定直播的目标受众和风格。
● **准备设备与工具**：指导学生准备直播所需的硬件设备（如摄像头、麦克风、计算机等），并安装和配置好选定的人工智能直播辅助工具。同时，要求学生熟悉设备和工具的基本操作，如设置直播参数、使用智能功能等。
（2）实践操作阶段
● **直播策划与脚本创作**：小组成员利用人工智能工具进行直播策划，分析目标受众的兴趣和需求，生成直播脚本初稿。例如，使用基于大数据的内容推荐算法获取热门话题和关键词，结合小组主题创作吸引人的直播脚本，然后根据脚本内容确定直播流程、环节设置和时间安排。

- **搭建直播场景与设计虚拟元素**：如果小组选择使用虚拟主播或虚拟直播场景，要利用人工智能相关的设计工具创建虚拟主播形象或设置虚拟背景和道具，确保虚拟元素与直播主题和风格相匹配，并具有良好的视觉效果。
- **预直播测试与优化**：进行预直播测试，检查直播设备、网络连接、人工智能工具的运行情况。根据测试结果，对直播设置、脚本内容和人工智能工具的参数进行调整和优化，解决出现的问题，如画面卡顿、语音不清晰、推荐内容不合理等。
- **正式直播与实时调整**：按照预定计划进行正式直播，小组成员分工协作，分别担任主播、副播、运营、场控、客服等。在直播过程中，成员要实时关注观众反馈情况，如观看人数、弹幕内容等，根据观众反馈情况及时调整直播节奏、内容和互动方式。例如，如果发现观众对某个话题特别感兴趣，可以适当延长相关内容的讲解时间；如果观众反馈某个问题较多，可以及时解答。同时，确保人工智能辅助功能（如智能推荐商品等）正常运行，为观众提供良好的直播体验。

（3）成果展示与交流阶段

- **直播分析与总结**：小组结合直播过程中的数据和观众反馈，对直播效果进行全面分析和总结，包括分析人工智能工具在直播中的应用效果，总结直播过程中遇到的问题和解决方案，以及团队协作的经验教训。
- **小组展示与交流**：每个小组制作展示PPT，向全班介绍本小组的直播主题、策划过程、人工智能工具的使用情况、直播效果分析和总结。在展示过程中，可以播放直播精彩片段，展示直播数据图表等。其他小组可以提问或分享自己的看法，共同探讨人工智能辅助直播的经验和改进方向。
- **教师点评与拓展**：教师对每个小组的实践成果进行点评，从直播内容质量、人工智能工具使用水平、团队协作、问题解决能力等方面给予评价和建议。同时，教师引导学生进一步思考人工智能在直播领域的发展趋势，如未来可能出现的新技术、新应用场景等，拓宽学生的视野。

4. 注意事项

- **网络与设备稳定性**：强调网络连接的稳定性对直播的重要性，指导学生选择合适的网络环境，并准备备用网络方案（如移动热点）。同时，要求学生在直播前对设备进行全面检查和测试，确保设备正常运行，避免设备在直播过程中出现故障。
- **数据安全与隐私保护**：提醒学生在使用人工智能直播辅助工具时注意保护用户数据安全和隐私，遵守相关法律法规和平台规定，不收集、不泄露观众的个人信息。同时，注意直播内容的合法性和合规性，避免传播不良信息。
- **人工智能工具的局限性**：让学生了解所使用的人工智能工具存在一定的局限性，如可能出现推荐内容不准确、语音识别错误等情况。教导学生在直播过程中要保持警惕，及时发现并处理这些问题，避免对直播效果产生严重影响。同时，鼓励学生探索如何通过人工干预和调整来弥补人工智能工具的不足。

5. 评估标准

评估项目		分值	评估标准
直播效果	内容质量	15分	直播内容丰富、有价值，与直播主题紧密相关，能够满足目标受众的需求，且通过人工智能辅助生成的内容自然、流畅，无明显错误
	互动效果	10分	直播过程中与观众的互动良好，能够及时回应观众的弹幕和提问
	视觉与听觉体验	10分	直播画面清晰、稳定，声音清楚、无杂音，虚拟元素（如有）设计精美、与直播场景融合自然，直播场景布置合理，整体视觉和听觉效果良好
	直播节奏	5分	直播节奏把握得当，环节之间过渡自然，时间安排合理，既不拖沓也不仓促，能够吸引观众的注意力
人工智能应用水平	功能运用	15分	充分且合理地运用了人工智能直播辅助工具的各项功能，如脚本创作、虚拟主播控制等，提高了直播效率和质量，功能运用熟练，无明显错误
	创新应用	15分	在使用人工智能直播辅助工具的过程中有创新的应用方式，如开发新的虚拟主播互动模式、设计独特的直播场景等，为直播带来新的亮点和特色
团队协作	分工合理性	10分	小组成员分工明确，每个成员都清楚自己的职责，并在直播策划、准备、实施和总结过程中发挥了积极作用，团队协作紧密，沟通顺畅
	问题解决	10分	在面对直播过程中的各种问题（如技术问题、内容调整问题等）时，团队成员能够通过合理的分工和有效的沟通共同解决问题，保证直播顺利进行
展示效果	展示内容	6分	展示PPT内容丰富、逻辑清晰，包括直播主题、策划过程、人工智能工具使用情况、直播效果分析等方面的详细介绍，数据和案例充分，能够清晰地展示小组的实践成果
	表达能力	4分	展示人员语言表达流畅、准确，能够生动地介绍小组的实践过程和成果，回答同学和教师的提问

6.1.5 人工智能辅助求职面试

1. 活动主题

人工智能辅助求职面试。

2. 活动目的

- **知识与技能提升**：使学生掌握利用人工智能工具准备和应对求职面试的技能，引导学生制定个性化的求职策略，利用人工智能技术优化简历、准备面试，提高求职的成功率。

- **自我认知与发展**：通过人工智能辅助分析，促使学生客观地认识自己在面试中的优势和不足，包括沟通能力、专业知识展示、肢体语言运用等方面，从而有针对性地改进和提升。

- **适应现代求职环境**：让学生适应现代求职环境中人工智能广泛应用的趋势，了解其在面试筛选、评估等环节的作用，减少对应用新技术的求职场景的陌生感和焦虑感。

3. 活动流程

（1）准备阶段

- **分组与角色分配**：根据学生人数将学生分成若干小组，每组3～5人。每个小组内部分为求职者和面试官两种角色，求职者准备求职材料，面试官熟悉面试评估方法和工具使用。

- **知识导入**：教师向学生讲解人工智能在求职面试中的常见应用，如智能招聘系统、在线面试平台中的辅助功能等。
- **收集并整理相关资料**：教师收集并整理包括人工智能面试技术介绍、使用案例、不同行业对人工智能面试的接受程度等资料，分享给学生。
- **调研工具**：指导学生调研市场上可用的人工智能求职面试辅助工具，如智能简历生成工具、面试练习工具、具有智能分析功能的视频面试平台等。

（2）实践操作阶段

① 求职者准备（求职者小组）

- 利用智能简历生成工具，根据个人情况和目标职位信息生成简历。
- 使用面试练习工具进行模拟面试。针对目标职位常见问题，练习回答技巧，并利用工具的反馈功能（如语音语调分析、回答内容逻辑评估）改进回答内容。

② 面试官准备（面试官小组）

- 熟悉选定的人工智能面试评估工具的功能和操作方法，如确定评估标准、解读分析报告等。
- 根据目标职位要求，利用人工智能工具生成面试问题库，涵盖专业知识、综合素质、职业规划等方面，并确定不同问题的权重。

③ 模拟面试（全体小组）

- 求职者和面试官通过选定的具有人工智能辅助功能的面试平台进行模拟面试。面试过程中，求职者正常回答问题，注意声音、表情和肢体语言。面试官通过平台观察求职者表现，并记录人工智能工具给出的实时评估数据。
- 面试结束后，面试官利用平台生成的综合评估报告，结合自己的观察，对求职者进行全面评估。评估内容包括回答内容的准确性、语言表达能力、情绪稳定程度等。

④ 反馈与改进（全体小组）

- 面试官向求职者反馈评估结果，包括人工智能评估数据和面试官的主观评价。双方共同讨论求职者在面试中的表现，分析优点和不足。
- 求职者根据反馈结果，再次利用面试练习工具改进自己的表现，准备进行二次模拟面试（如有需要）。

（3）成果展示与交流阶段

- **小组汇报**：每个小组制作PPT展示实践成果，内容包括目标职位信息、使用的人工智能工具、求职者的准备过程、面试过程中求职者的表现、人工智能工具评估结果和改进建议。汇报人向全班展示小组的实践情况，分享使用人工智能工具辅助面试的体验和收获。
- **小组间交流与讨论**：各小组汇报结束后，教师组织学生进行小组间的交流和讨论。学生可以就不同工具的使用效果、评估结果的准确性、在模拟面试中遇到的问题及解决方案等进行分享与讨论，互相学习经验。
- **教师点评与总结**：教师对每个小组的实践成果进行点评，从工具使用的合理性、求职者准备的充分性、面试官评估的科学性、团队协作等方面进行评价。总结本次实践活动中出现的普遍问题和优秀实践经验，引导学生进一步思考人工智能在求职面试中的发展趋势，以及对未来职业发展的影响。

4. 注意事项

● **数据隐私保护**：提醒学生在使用人工智能求职面试辅助工具时注意保护个人隐私，确保所使用的工具遵循相关法律法规，不随意泄露个人信息，特别是在上传简历和进行视频面试时。

● **工具的准确性与局限性理解**：让学生明白人工智能工具虽然有一定的帮助，但也存在局限性。例如，可能存在对某些复杂语义理解有误、对非标准肢体语言误判等问题。让学生不要过分依赖工具的评估结果，要结合自身的判断和其他反馈进行综合分析。

● **公平性与偏见问题**：强调在使用人工智能求职面试辅助工具进行面试的过程中要注意公平性，避免工具算法可能存在的偏见影响评估结果。例如，某些工具可能对特定口音或地区有不同的识别效果，要尽量通过更换工具、结合人工评价等方法解决这些潜在问题。

5. 评估标准

评估项目		分值	评估标准
求职准备	简历质量	10分	简历内容完整、格式规范，能够充分体现个人优势以及与目标职位的匹配度
	面试准备	10分	针对目标职位进行了充分的面试练习，熟悉常见问题的回答技巧，能够有效利用面试练习工具改进回答内容和表现
人工智能工具使用	工具选择合理性	10分	选择的人工智能求职面试辅助工具与实践目标和内容相匹配，能够满足简历制作、面试练习、评估等环节的需求
	功能应用程度	10分	充分使用了所选工具的功能，如正确运用关键词优化功能优化简历，在面试练习中利用反馈功能改进表现，在面试评估中准确解读和运用评估数据
	问题解决能力	10分	在使用工具过程中遇到问题（如功能故障、数据异常）时，能够积极寻找解决方案，保证实践活动顺利进行
面试表现与评估	求职者表现	15分	在模拟面试中表现出良好的专业素养、沟通能力和应变能力，回答问题准确、清晰，肢体语言和表情自然，能够根据面试官和人工智能工具的反馈及时调整
	面试官评估	15分	面试官能够科学地确定评估标准，准确地使用人工智能面试评估工具，客观、公正地对求职者进行全面评估，评估结果有理有据
团队协作与展示	团队协作	10分	小组成员在实践过程中分工明确、相互配合，求职者和面试官角色履行到位，共同完成模拟面试和评估任务
	展示效果	10分	PPT内容详实、逻辑清晰，展示过程语言流畅、表达准确，能够清晰地向全班展示小组实践的过程、成果和收获，回答问题合理

6.2　人工智能课程设计

本节提供了3项人工智能课程设计，旨在激发学生的探索精神与创造力，培养学生的批判性思维，让学生在实践中锻炼解决问题的能力与跨学科整合能力。

6.2.1　人工智能助力文化遗产保护与传承方案设计

1. 课程设计主题
撰写基于人工智能技术的文化遗产保护与传承方案。

2. 课程设计目标

知识目标
- 理解文化遗产的概念、分类及其重要性。
- 掌握人工智能技术在文化遗产保护与传承中的应用方法。
- 了解数字化技术在文化遗产记录、分析、修复及传播中的作用。

素养目标
- 培养学生的文化自觉与文化自信，增强学生对文化遗产保护与传承的责任感。
- 培养学生的创新思维，鼓励学生探索人工智能技术与文化遗产保护与传承融合的新路径。
- 强化学生的社会责任感，促进学生将所学知识用于解决实际问题。

3. 课程设计大纲
第一模块：文化遗产基础
- 文化遗产的定义与类型
- 文化遗产的价值与保护意义
- 文化遗产保护与传承面临的威胁和挑战

第二模块：人工智能在文化遗产保护与传承中的应用案例分析
- 人工智能赋能智慧应县木塔
- 人工智能修复永乐宫壁画
- 数字敦煌

第三模块：基于人工智能技术的文化遗产保护与传承方案设计与实践
- 方法论介绍与需求分析
- 方案框架搭建与步骤设计
- 小组项目：基于人工智能技术的文化遗产保护与传承方案设计
- 方案展示与评审

第四模块：伦理、法律与社会影响
- 人工智能应用于文化遗产保护与传承的伦理问题
- 文化遗产保护与传承的法律框架
- 人工智能技术对文化遗产保护与传承的社会影响

4. 教学方法
- **讲授与讨论**：结合PPT讲解文化遗产基础和人工智能相关的理论知识，鼓励学生提问与讨论，加深理解。
- **案例分析**：选取成功与失败的文化遗产保护与传承案例进行分析，探讨其成功要素或失败原因，引导学生从案例中发现问题、分析问题，学习成功经验，并思考如何将类似的方法应用到自己的方案设计中。
- **实践操作**：利用实验室资源，进行文化遗产数字化等实践操作。

- **小组讨论法**：组织学生进行小组讨论，讨论内容包括案例分析的心得、方案设计的思路、技术选择的依据等。
- **专家讲座**：邀请文化遗产保护与传承领域及人工智能领域专家进行专题讲座，拓宽学生视野。

5. 评估标准

评估项目	具体内容	评分占比
平时表现	课堂出勤；课堂参与度，如参与课堂讨论、回答问题的积极性和质量等；作业完成情况；小组讨论表现	20%
方案设计	方案的完整性，如内容结构的完整性、内容条理的清晰性	20%
	方案的创新性，如方案是否具有独特的思路和创新点，是否能够充分体现人工智能技术在文化遗产保护与传承中的新应用或新组合	20%
	方案的可行性，如技术选择是否合理可行，实施步骤是否具有可操作性，人员和资金安排是否符合实际情况	20%
团队表现	小组合作中的沟通协调能力	10%
汇报展示	方案汇报的清晰度、逻辑性及表达能力	10%

6. 课程设计资源

- **教材与参考书**：提供文化遗产保护与传承、人工智能技术的相关书籍与论文集。
- **在线资源**：推荐慕课课程、专业网站、学术论文数据库等，供学生自主学习。
- **软件与工具**：提供或推荐用于文化遗产数字化的软件工具（如AutoCAD、ArcGIS及相关AI库等）。
- **实地资源**：当地的文化遗产保护与传承单位、博物馆、古迹遗址等，通过实地调研和收集数据，增强学生对文化遗产的直观认识和理解。

6.2.2 人工智能辅助语言学习平台项目设计书撰写

1. 课程设计主题
撰写人工智能辅助语言学习平台项目设计书。

2. 课程设计目标
知识目标

- 能够深入理解人工智能在语言学习领域的应用原理，包括自然语言处理技术、语音识别与合成技术等。
- 掌握语言学习的基本理论和方法，了解不同语言学习者的需求和特点。

素养目标

- 提升学生的系统思维能力和创新能力，使学生能够提出独特的平台设计思路。
- 锻炼学生的团队协作能力和沟通能力，确保项目设计的顺利进行。

3. 课程设计大纲
第一模块：语言学习概述

- 语言学习定义与目标
- 传统语言学习策略与方法

- 人工智能技术对语言学习方式的影响

第二模块：现有语言学习平台调研
- 沪江网校
- 腾讯翻译君

第三模块：人工智能技术基础
- 自然语言处理技术
- 语音识别与合成技术
- 人工智能语言处理代码示例

第四模块：人工智能辅助语言学习平台项目设计书撰写
- 项目设计书的重要性
- 项目设计书的结构与内容要点
- 项目设计书的撰写技巧与案例分析
- 小组项目：人工智能辅助语言学习平台项目设计书撰写

第五模块：课程设计总结与展示
- 项目设计书汇报
- 交流与讨论
- 教师点评

4. 教学方法

- **理论讲授**：通过PPT、视频等形式，讲解项目设计书撰写的基础知识、人工智能在语言学习平台中的应用原理等。
- **案例分析**：分析成功与失败的语言学习平台案例，引导学生从不同角度进行分析，提炼经验教训。选取成功的商业项目设计书案例，分析其成功要素和撰写技巧，为学生提供实践参考。
- **实践操作**：模拟设计环节，如用户调研、页面原型设计等。
- **小组合作学习法**：将学生分成小组进行项目设计书的撰写，小组成员共同讨论、分工合作。
- **专家讲座**：邀请人工智能领域的专家分享最新技术、实战经验与技术发展趋势。
- **一对一辅导**：对个人或小组的项目设计书进行个性化指导。

5. 评估标准

评估项目	具体内容	评分占比
平时表现	课堂出勤；课堂参与度，如在课堂提问、讨论、小组活动中的表现	20%
项目设计书质量	内容的完整性，如项目设计书结构的完整性；内容的条理性	20%
	内容的创新性	20%
	项目设计书的可行性	20%
团队表现	小组合作中的沟通、协调能力	10%
汇报展示	项目设计书汇报的清晰度、逻辑性及表达能力	10%

6. 课程设计资源

- **教材与参考书**：推荐相关领域的书籍、学术论文，如关于软件项目设计、用户界面设计、数据库设计等方面的参考书籍，帮助学生完善项目设计书。

- **在线资源**：在线学术数据库，如中国知网等，方便学生查找与人工智能和语言学习相关的最新研究论文和报告；国内外知名的语言学习平台，供学生调研分析现有平台的功能和特点。
- **专家讲座**：与行业专家建立联系，为学生提供聆听讲座和咨询专家的机会。
- **实践平台**：通过合作的语言学习平台或实验室，为学生提供实践平台，供学生测试设计或实习。

6.2.3　人工智能驱动的个性化阅读推荐系统商业计划书撰写

1. 课程设计主题
撰写人工智能驱动的个性化阅读推荐系统商业计划书。

2. 课程设计目标
知识目标
- 深入理解人工智能在个性化推荐领域的核心技术。
- 掌握商业计划书的基本结构和撰写技巧。

素养目标
- 培养学生的逻辑思维、创新思维和解决问题的能力。
- 培养学生的创业意识和商业素养。

3. 课程设计大纲
第一模块：人工智能技术与个性化阅读推荐概述
- 机器学习与阅读推荐
- 自然语言处理与内容理解
- 个性化推荐算法的原理

第二模块：人工智能驱动的个性化阅读推荐系统商业计划书的撰写
- 商业计划书的重要性
- 商业计划书的基本结构与内容要点
- 商业技术书的撰写技巧
- 小组项目：人工智能驱动的个性化阅读推荐系统商业计划书撰写

第三模块：课程设计总结与展示
- 商业计划书汇报
- 交流与讨论
- 教师点评

4. 教学方法
- **理论讲授**：通过PPT、视频等形式，讲解商业计划书撰写的基础知识、人工智能在阅读推荐系统中的应用原理等。
- **案例分析**：选取成功或失败的商业计划书案例，引导学生从失败的商业计划书中提取经验教训，并从成功的商业计划书中分析成功要素和撰写技巧，为商业计划书的撰写提供实践参考。
- **小组讨论**：组织学生进行小组讨论，共同分析市场需求、竞争状况，讨论商业计划书的撰写技巧等，培养学生的团队协作和沟通能力。引导学生分组撰写商业计划书，并进行互评，提升实践能力。

- **专家讲座**：邀请人工智能领域专家分享最新技术、实战经验与技术发展趋势。
- **一对一辅导**：对个人或小组的商业计划书进行个性化指导。

5. 评估标准

评估项目	具体内容	评分占比
平时表现	课堂出勤；课堂参与度，如在课堂提问、讨论、小组活动中的表现	20%
商业计划书质量	内容的完整性，如项目设计书结构的完整性；内容的条理性	20%
	内容的创新性	20%
	商业计划书的可行性	20%
团队表现	小组合作中的沟通、协调能力	10%
汇报展示	商业计划书汇报的清晰度、逻辑性及表达能力	10%

6. 课程设计资源

- **教材与参考书**：提供商业计划书撰写、人工智能技术应用相关的教材与参考书，供学生自主学习。推荐一些关于阅读市场研究、互联网商业模式、财务管理等方面的参考书籍，帮助学生完善商业计划书。
- **案例库**：建立商业计划书案例库，包括成功案例和失败案例，供学生分析学习。
- **在线资源**：在线学术数据库，如中国知网等，方便学生查找与人工智能推荐技术、阅读市场分析相关的最新研究论文和报告；阅读行业报告发布网站，如艾瑞咨询、易观智库等，提供权威的阅读市场数据和行业趋势分析；商业计划书模板网站，为学生撰写商业计划书提供格式和内容参考。
- **专家讲座**：邀请行业专家举办讲座，分享商业计划书撰写和人工智能技术应用方面的经验和见解。
- **实践平台**：提供实践平台，供学生进行商业计划书撰写等实践。

课后习题

1. 简述人工智能课程实践与设计活动的意义。
2. 请举例说明人工智能在文本创作中的应用场景有哪些。
3. 请从语言准确性、翻译速度、文化适应性等多个维度，探讨人工智能翻译的优缺点及改进方向。
4. 请举例说明人工智能在短视频创作中的应用场景，如素材生成、自动剪辑、智能优化等，并分析其对创作效率与创意水平的影响。
5. 请结合直播策划、虚拟主播、场景设计等方面，探讨人工智能如何为直播带来新的亮点和特色。

6．请分析人工智能在求职面试中的常见应用场景。

7．请结合数字化技术，探讨人工智能在文化遗产记录、分析、修复及传播中的作用。

8．在人工智能辅助完成任务的过程中，我们应如何平衡人工智能工具的使用与个人创意的加工？

课后实践：人工智能学科赛事项目调研

1．实践目标

深入了解人工智能学科赛事的体系、类型和特点，包括国际知名赛事与国内主流赛事。

了解不同人工智能赛事项目的规则、要求、评价标准，以及所涉及的人工智能技术领域和应用场景。

研究各赛事项目对参赛团队或个人在知识、技能、创新能力等方面的要求，理解各赛事项目对人工智能行业人才发展的推动意义。

通过调研能够对人工智能学科赛事项目进行分类总结，为自身参与相关赛事或开展相关研究提供参考。

2．实践内容

（1）人工智能学科赛事体系梳理

收集国内外人工智能学科赛事的信息，包括赛事名称、主办方、举办周期、参赛对象等基本信息。

按照赛事的地域范围、赛事级别、技术领域等因素，对所收集到的赛事进行分类整理，构建人工智能学科赛事体系框架。

（2）典型赛事项目分析

选取若干具有代表性的人工智能赛事项目，详细研究赛题要求、评分标准、往届优秀作品，理解赛事的核心挑战。

（3）赛事对人才培养作用的探讨

调查参与过相关赛事的团队或个人，了解他们在参赛过程中的收获，如知识技能的提升、团队协作能力的锻炼、创新思维的激发等方面的情况。

研究赛事项目与人工智能行业实际需求的对接情况，分析赛事对培养符合行业需求的人才的促进作用。

3．实践步骤

（1）收集信息

利用网络资源，如官方网站、社交媒体、论坛、博客等搜集赛事信息。

将收集到的信息整理成表格形式，记录赛事名称、主办方、举办周期、参赛对象等内容。

（2）构建赛事体系框架与选取典型赛事

根据收集到的信息，按照赛事的地域范围、赛事级别（国家级、省级、校级等）、技术领域（计算机视觉赛事、自然语言处理赛事等）对赛事进行分类，构建人工智能学科赛事体系框架。

从不同类型的赛事中选取3～5个具有代表性的赛事项目作为重点研究对象。

（3）典型赛事项目深入分析

访问所选典型赛事项目的官方网站，详细阅读竞赛规则、任务说明、技术文档等资料，了解赛事的具体要求和技术导向。

分析赛事项目历年的赛题变化，总结其发展趋势和技术方向。

针对赛事项目中涉及的人工智能技术，查阅相关的学术文献、技术报告，深入理解其原理和实现方法。

尝试对典型赛事项目进行复现（若条件允许），亲身体验赛事项目的技术难度。

（4）赛事评价标准与人才培养作用研究

研究典型赛事项目的评分标准文件，与相关赛事评委、组织者进行交流（通过邮件、电话或在线访谈等方式），了解评分标准制定的依据和考量因素。

设计调查问卷，针对参与过相关赛事的人员进行调查，了解他们在参赛过程中的成长和收获，以及对赛事改进的建议。

收集整理调查问卷结果，结合赛事评分标准，分析赛事对人才培养的作用和存在的不足。

（5）总结与报告撰写

对整个调研过程进行总结，归纳人工智能学科赛事项目的特点、发展趋势、评分标准，以及对人才培养的作用。

根据总结内容，撰写《人工智能学科赛事项目调研报告》。在报告撰写完成后，进行反复检查和修改，确保报告内容准确、逻辑清晰、格式规范。